轻与重
FESTINA LENTE

姜丹丹 主编

精神分析
快乐与过度

[法] 莫妮克·达维德-梅纳尔 著　姜余 严和来 译

Monique David-Ménard
Tout le plaisir est pour moi

华东师范大学出版社
上海

华东师范大学出版社六点分社　策划

主编的话

1

时下距京师同文馆设立推动西学东渐之兴起已有一百五十载。百余年来,尤其是近三十年,西学移译林林总总,汗牛充栋,累积了一代又一代中国学人从西方寻找出路的理想,以至当下中国人提出问题、关注问题、思考问题的进路和理路深受各种各样的西学所规定,而由此引发的新问题也往往被归咎于西方的影响。处在21世纪中西文化交流的新情境里,如何在译介西学时作出新的选择,又如何以新的思想姿态回应,成为我们必须重新思考的一个严峻问题。

2

自晚清以来,中国一代又一代知识分子一直面临着现代性的冲击所带来的种种尖锐的提问:传统是否构成现代化进程的障碍?在中西古今的碰撞与磨合中,重构中华文化的身份与主体性如何得以实现?"五四"新文化运动带来的"中西、古今"的对立倾向能否彻底扭转?在历经沧桑之后,当下的中国经济崛起,如何重新激发中华文化生生不息的活力?在对现代性的批判与反思中,当代西方文明形态的理想模式一再经历祛魅,西方对中国的意义已然发生结构性的改变。但问题是:以何种态度应答这一改变?

中华文化的复兴,召唤对新时代所提出的精神挑战的深刻自觉,与此同时,也需要在更广阔、更细致的层面上展开文化的互动,在更深入、更充盈的跨文化思考中重建经典,既包括对古典的历史文化资源的梳理与考察,也包含对已成为古典的"现代经典"的体认与奠定。

面对种种历史危机与社会转型，欧洲学人选择一次又一次地重新解读欧洲的经典，既谦卑地尊重历史文化的真理内涵，又有抱负地重新连结文明的精神巨链，从当代问题出发，进行批判性重建。这种重新出发和叩问的勇气，值得借鉴。

3

一只螃蟹，一只蝴蝶，铸型了古罗马皇帝奥古斯都的一枚金币图案，象征一个明君应具备的双重品质，演绎了奥古斯都的座右铭："FESTINA LENTE"（慢慢地，快进）。我们化用为"轻与重"文丛的图标，旨在传递这种悠远的隐喻：轻与重，或曰：快与慢。

轻，则快，隐喻思想灵动自由；重，则慢，象征诗意栖息大地。蝴蝶之轻灵，宛如对思想芬芳的追逐，朝圣"空气的神灵"；螃蟹之沉稳，恰似对文化土壤的立足，依托"土地的重量"。

在文艺复兴时期的人文主义那里，这种悖论演绎出一种智慧：审慎的精神与平衡的探求。思想的表达和传播，快者，易乱；慢者，易坠。故既要审慎，又求平衡。在此，可这样领会：该快时当快，坚守一种持续不断的开拓与创造；该慢时宜慢，保有一份不可或缺的耐心沉潜与深耕。用不逃避重负的态度面向传统耕耘与劳作，期待思想的轻盈转化与超越。

4

"轻与重"文丛，特别注重选择在欧洲（德法尤甚）与主流思想形态相平行的一种称作 essai（随笔）的文本。Essai 的词源有"平衡"（exagium）的涵义，也与考量、检验（examen）的精细联结在一起，且隐含"尝试"的意味。

这种文本孕育出的思想表达形态，承袭了从蒙田、帕斯卡尔到卢梭、尼采的传统，在 20 世纪，经过从本雅明到阿多诺，从柏格森到萨特、罗兰·巴特、福柯等诸位思想大师的传承，发展为一种富有活力的知性实践，形成一种求索和传达真理的风格。Essai，远不只是一种书写的风格，也成为一种思考与存在的方式。既体现思索个体的主体性与节奏，又承载历史文化的积淀与转化，融思辨与感触、考证与诠释为一炉。

选择这样的文本，意在不渲染一种思潮、不言说一套学说或理论，而是传达西方学人如何在错综复杂的问题场域提问和解析，进而透彻理解西方学人对自身历史文化的自觉，对自身文明既自信又质疑、既肯定又批判的根本所在，而这恰恰是汉语学界还需要深思的。

提供这样的思想文化资源，旨在分享西方学者深入认知与解读欧洲经典的各种方式与问题意识，引领中国读者进一步思索传统与现代、古典文化与当代处境的复杂关系，进而为汉语学界重返中国经典研究、回应西方的经典重建做好更坚实的准备，为文化之间的平等对话创造可能性的条件。

是为序。

姜丹丹（Dandan Jiang）
何乏笔（Fabian Heubel）
2012 年 7 月

目 录

中文版序言 / 1

引言 / 1
第一章　在转移中捕捉的重复 / 9
第二章　快乐是过度的,并不是说它是非理性的 / 27
第三章　不同形式下自己与自己的分裂 / 52
第四章　他者,陌生人,亲密者 / 71
第五章　性的区分 / 99
第六章　只有两种性吗?或者还有更多? / 143
结论　精神分析不是一门哲学 / 173

译后记 / 182
术语表 / 195

中文版序言*

在法语中，"我荣幸之至"（直译为"全部的快乐都是我的"）乃是一句普通的客套话。当某人因得到帮助或者共度美好时光而表示感谢时，我们就可以回答对方说：*是我的快乐*（*荣幸*）。然而，这与我们使用的句子并非完全一致。在第二个句子中，缺少了"全部的快乐"这个奇怪的表达，或者缺少两个关系主角所体验的快乐之间的一种比较。为什么日常语言会说"*全部的快乐*"？难道第一个人体验到的快乐就是微不足道的？难道快乐的绝对性无法被分享？

我认识到分享快乐的客套中包含了这种过度的维度和暗地里的较量，由此选择为本书的题目，它表达了精神分析的临

---

* 本书中文版名字改为《精神分析：快乐与过度》。

床及其临床思想。西方的各种哲学总是希望在快乐中筛选出与名为"理性"引申出的东西相符的那些。而精神分析则被另一视角所引导:快乐本来就有矛盾。透过我们的思想和行为,我们试图体验欲望满足的最大化,但是相对于在幼儿性欲中形成并受制于儿童对成人性行为的感知的原始目标而言,这个最终目的是以不同于原始目标的方式部分地达成的。

精神分析是一种实践和一种理论,这就是为什么为了理解下列概念必须以临床为依据:性欲、转移、重复、冲动、无意识、能指。在个人分析之后,结合对病人的倾听和对过去和当代精神分析家的阅读,人才在精神分析中被培养出来。

但精神分析并不是脱离历史的:既不脱离于大写的"历史"之外,即战争的、创伤的、集体创造的历史;也不在理论家的知识史之外。我们现在的这部作品,由一个拉康派精神分析家写于2000年,实际上是因为从1950年以来拉康就建议去阅读弗洛伊德与友人柏林医师弗里斯之间的书信集。这部书信集在那之前是不为人知的。这些文本赋予了快乐原则的矛盾性以重大价值,把它看作人类灵魂的运作原则。然而,与弗洛伊德最早期制作、后来又从来没有被推翻过的那些模型相比,精神分析的外表发生了巨大的改变。这些早期的精神功能的模型正是集中于快乐的矛盾性上。拉康通过使用术语"享乐"强调了这个特征,该术语也指示了快乐本身的过度维度。然而,精神分析家并不像智者或哲学家一样指责快乐,因为拉康和弗洛伊德共同认为,人类的独特性在快乐、不快以及焦虑的体验中得以铸就,它们结构化了我们与大他者形象之间的关系。快乐是危险的,充满着弗洛伊德1897年称之为"涅槃原则"、继而又在1920年作为其超越的摧毁性的"死冲动"的危险。这个超越微妙地抽取自快乐目的,但并不是要指责快乐的目的,它迷失在产生了我们称之为症状的存在僵局的东西中;而是要创造一个地点、一个空间,那里这种快乐目标的内在过剩得到约束,而无需放弃其本身,因为正是通过这种考验,孩子们长大了,女人和男人获得了各自的独特性。

莫妮克·达维德-梅纳尔

2019年7月 于南京

引 言

精神分析是一种触及人类存在及其思想的实践,它感兴趣的是人类的快乐、不快以及焦虑。因此它所处理和谈论的一切都牵涉到我们每一个人,我们或许期待它能用一种清楚明白且所有人都能听懂的语言来表达观点。然而,出于各种原因,精神分析的书籍常常晦涩不堪:身处科学时代的精神分析家们在写作时,作为现代人的他们经常用一些他们时代中的特有知识来定位自己的著作:例如,热力学或者生物学之于弗洛伊德;语言学或者拓扑学之于拉康。另一方面,作为知识主体,这个学科从来不曾完全脱离作者的表述,以及随着时间流逝作者自身为这些表述带来的变化。因此,精神分析家的讨论常常难为外行人所理解。最后,晦涩的第三个原因,在于我们在展示什么是精神分析时,总会触发听者或读者的愉快、不愉快和焦虑,以至于我们想让人理解的,或者更确切地说,我们想要"论证"的——唤起的从来都不是纯粹理智上的、摈弃了激情的理解,我们谈论的东西从来都不曾脱离陈述时发生的一切。要么我们只好放弃表达我们的观点,要么我们就自己封闭在所有人信仰相同的圈子里,于是人们便接受了说不清道不明。

不过,我们还是可以在受过教育的公众面前介绍精神分析,在这种实践存在了一个世纪之后,不把它与医学或心理学相混淆,只需要费点心让人们理解它如何横跨了治疗和文化的位置。为了做到这一点,我建议避开所有在特定认识论中有争议的术语,并尽量绕开一个世纪以来精神分析在形成过程中不得不触及的哲学问题:这个名词显示出矛盾,但人们是否还能接受某种无意识呢?在这种无意识之中,我们要探讨的究竟是语言的问题还是身体的问题?关于确定联想过程形成网络的元素上,必须提及的是复现表象还是能指?我们是否可以或者是否应该把进化论的生物学与研究起源本体论的精神分析连接起来?等等。

我想把关键概念限定在下列名单中:快乐、不快、焦虑、冲动、重复。这实际上是试图通过在弗洛伊德的文本,以及拉康、梅兰妮·克莱茵、温尼科特对弗洛伊德的阅读中进行筛选切割,而将精神分析呈现给世人。这种展示打了个赌:我们只需参考下列文本便能说清楚精神分析是什么:《科学心理学大纲》(*L'esquisse d'une psychologie scientifique*, 1895)、《释梦》(*L'Interprération des rêves*, 1900)、《冲动及冲动的命运》(*Pulsions et destins de pulsions*, 1915)、《超越快乐原则》(*Au-delà du principe de plaisir*, 1920)、文章《否认》(La négation, 1925),以及拉康关于《精神分析的四个基本概念》(*Les Quatre Concepts fondamentaux de la psychanalyse*)所谓的第十一个讨论班(1963年的讨论班,1973年出版)。

我还要在尊重"去本体论"那必要的审慎原则的同时,增加一些临床的参考资料。并不是因为精神分析的临床是不受任何理论影响的"纯粹事实",而是因为通过把实际操作与元心理学的概念联系起来,我们就可以在一种新的语言中重新界定它,而这种语言与笛卡尔和伊丽沙白·德·波艾姆(Elisabeth de Bohême)的通信中所称的"生活的日常交流"并不矛盾。另一方面,这样展示的目的在于澄清并突出精神分析的观念。对于笛卡尔来说,当一个观念不与其他任何理念混淆时,它便是一个清晰的观念。这部作品希望以如下方式介绍精神分析:并非要发展与其他心理学实践或者认知科学相对立的部分,而是呈现它因人性展现而获得的独特性。如果精神分析家开诚布公地展现他们研究的人类现实,他们与当代神经科学家之间的思想对峙才有可能成立。这并非要建构起一个庞大而统一的人类理论,而是因为只有这样,我们才能理解生活与人类存在的实在如何迫使我们接受多样化的异质进程。

当一个男人或者女人去见一位分析家,是因为相对于其他时期,他的生活出现了"问题",过量的痛苦或者快乐进入生活而引起了不适:某位年轻的女子一出门就会惶惶不安,又难以忍受独处的状态,每周都要呼叫急救医生好几回。在某条街道的角落,她要花大量时间与反复出现的焦虑较劲,而焦虑消磨并侵蚀了她,阻碍其艺术天赋的发展,也阻碍她接受朋友的邀请,将其困囿于完全无法忍受的孤独之中。

有一位男子,从事金融事业多年,他的工作让他到过很多地方。可是十年后,他发现自己的生活是如此空洞和错误。在激烈地回应了周围人之后,他又忍受着无法解释的绝望时刻,这让他再也无法认识自己。或者,另一位年轻的女士,极其聪明,却不得不把自己的生活简化为工作和阅读,因为她很容易就会变得难以与他人相处,所以只要冲突发生,她立即就会逃跑和消失,这让她被冠上怪异的名头,这名头既伤害了她,又将她封闭在不正常之中。

在这三个例子中,我们注意到,有一个既想确定个人道路又试图承认从外部强加的某物的尝试,这个人承受着后者的影响,既不能承认也无法摆脱它。这个东西是个阻碍,令人不快,在精神分析中被称为"症状"。从词源学上讲,症状与掉落的东西(ce qui tombe)①相关——与之发生碰撞,也意味着"突然出现"在记录仪的仪表盘上——它来自别处,也应当受到重视。为了指出症状的这一特性,弗洛伊德总是使用不同的语言。第一种语言就是所谓能量学的语言:弗洛伊德指出,这个东西以未曾预料的形式突然冒了出来,并与其他存在相抵触,它是"过度紧张"的。我也可以用我那个没法完成其行程的女病人的焦虑来举例——如果她在街角真的发生了什么事的话,她又是如何返回到家中拨打 SOS 急救电话的呢? 这个在所有的推理和所有的街角为她强加了压迫的东西,像"一种超强的表象"一样重复着,这个术语是1880年弗洛伊德在萨尔佩特利耶尔医院(l'Hôpital Salpêtrière)学习期间用于癔症发作的词语。第二种语言是地形的(topique),它指出,一个症状是如何来自彼处,而不是源于症状所展现的地方,也就是说,在我们身上,区分出一些互不交流的区域。在能量学上被称为过度的东西,在地形(topique)上也可以被称为错位。当我的女病人发现自己被一种推理背叛时——当然她很清楚这种推理是荒谬的,但

---

① 在法语原文中,此处是"掉落"和"突然出现"的双关。——译注

她还是不得不表达它——她并不知道它从"何"而来。这个推理从她身上的某个部分中苏醒,这个部分不知位于何处,与其他思维也没有交流。于是她就在与自己的错位中迷失了。地形的语言,是在同一个个体身上,区分出互不交流的不同地点的语言。

每一种词汇都能带有精确性:如果要补充说明的话,这个障碍就错位的描述而言,是指某个无法抑制的东西得到了确认,并在症状中倾泻出来——此处,不存在移置的可能,涉及的主体无从得知它是什么,也不知如何整合到他生活的某部分中去。无法抑制的某物在一种矛盾的模式中得到确认——一方面它完全就是我们自己,但同时也属于无名氏——弗洛伊德称之为一种冲动。"冲动"这个词,在日常法语中,被错误地与本能相混淆,或者相反,这儿需要一个专用词汇;但是,它在德语中是一个日常使用的词语:它指的是推动着去做、去说的东西。在精神分析中,一种冲动,首先指的是一种恒常的力量,无论如何都存在于此,并推动着去做些事情并思想:它将我们身体中可以感受快乐的部位与客体联系起来。如果我一边兴奋地吃着干杏子一边读着《飘》,通过口腔的快乐来加强文本阅读的快乐,那么在不同于我的客体(即这本小说)与我本人之间,包括通过与杏子的联系,就建立起了流通。这个联系看似任意,但事实上并非如此,它们之间的联系就好比战争中一大群苏格兰人跟随着风笛前进。在后一个例子中,风笛这个乐器改变了战争的焦虑,把共同利害具体化,变成了让所有战士行进的客体。我们看到这个客体,它可以像一本小说一样是理想的,也可以在相关人士眼中是实在的。

让我们回到阅读的问题:深入小说世界与口腔快乐之间的联系,或者作为交响乐团中的打击乐演奏者的快乐与对说唱组合的依恋之间的联系,可以指引我的大部分活动与思想。如果那是唯一让我感觉到不那么焦虑的方式,那么一边吃东西一边阅读就可能会成为通往暴食症的道路,而暴食症将会使我与世界隔离。如果这个设定在我身上与其他指令相互抵触,它可能在某些症状中有所转变并固定下来:比如,一切智力活动都伴随着焦躁地啃噬指甲的冲动,或者我会禁止自己思考,因为它带来过多的快乐,这样做是为了遵循与快乐指令冲突的另一个指令。在后两个例子里,某些行为阻碍我的生活,从而入侵了我的生活,它们就是症状。通过强加在我生命中的种种限制,它们指示着这场未了结的、日复一日的且过度的抗争。"过度的"能量学语言以及地形语言是两种交叉的让我们考虑冲动的方式。通过其持续重复的表现,在生活和精神分析的治疗中,我们知道冲动的存在。奇怪之处在于,在冲动中,它们让我们变成了几乎匿名的个体,然而,借助它们建立在客体与我们的某些方面之间的联系,我们的独特性得以产生。冲动客体的演变吟唱出了我们的历史。正如我们所见,冲动并非本能,它表达的不是人类的动物性,而是属于本身就在那儿的所有暴力性。

第一章
在转移中捕捉的重复

在实践中与在理论中一样,精神分析把两个平常认为是不同的观点放在一起:在构建了我们的同一性的思想和各种行为之间存在着不一致,以及我们的快乐天然就具有过度的倾向。我们通常说快乐无所不能:在一念之间改变生活,为了享乐而寻找痛苦,就像在卡特琳娜·布雷亚(Catherine Breillat)电影《罗曼史》中的女主角,她用自己的身体做出了很多不可思议的事情,这与弗洛伊德在萨尔佩特利耶尔医院沙柯的科室里观察到的那些女性一样。弗洛伊德用"过分紧张的"来描述这些近似痛苦的快乐。实际上,它们朝向幻觉性在场的客体,即是说,我们对它的欲望是如此强烈,以至于我们无法判断它们是否真的在那里被我们捕获,亦或是我们把欲望当成了现实。这种客体的幻觉性在场的最具争议的例子就是我们的梦和激烈的爱情。前者的优势,是它们频繁的出现及其普遍性:即便我们经常忘记自己的梦,即便我们中的一些人比其他一些人记得的要少,所有人都有过梦的经验。为了好好考虑它,让我们看看梦这种很奇特的经验吧:我们出现在某些场景当中,与它们毫无距离感,我们出现在某些被表达为图像的剧情当中,无需询问它们是否真实;做梦的时候,我们处于某种比信仰更坚定的确定性中,毫无保留地与这个有时是话语的图像词[①]的杂烩粘着在一起。然而,这种确定性自然地转换成了叙述,让我们认识到梦就是梦,不是现实。从那里开始,我们逐渐停止与它的粘着。我们从它的碎片开始讲述它,为我们自己或为他人,这让我们从被称为"幻觉性的"图像的绝对在场中离开。同样,在爱的激情中,某人对于我们来说就是一种绝对现实:好像我们只有处在与她(他)的关系中才更加真实,这个人已经独占了我们所有的情感、情绪、希望和思考。我们甚至无法想象没有他或她的生活。正是在这个可以与梦的时刻相提并论的确定状态中,我们依附于形象的序列。但是,在搭接于让我们的生命变得真实的绝对确定中有幻觉存在,通常生活事物的运转会腐蚀这种幻觉。而我们离开幻觉的方式——不管是用爱的方式温柔地离开,还是因

---

① 弗洛伊德在《释梦》中把梦比作"画谜"。——译注

绝望而以灾难性的方式离开——都与我们谈论的梦一样重要。

精神分析通过临床设置接纳了这些经验。它试图将两类不同的概念放在一起思考：自己与自己分裂之概念、快乐的幻觉性特征之概念。因为精神分析区分出来并命名为"转移"的主要经验允许甚至强迫它这样做：在精神分析中，转移就是快乐的经验以一种浓缩的方式重复。这些快乐经验建构了我们每一个人，从童年时代起一直作为期待而停留在那里。它们为什么被刻板化和漫画化呢？因为它们抓住一些看似毫不起眼的细节不放，在分析者的辞说与激情中，这些细节被置于与重要情绪一样的水平上。这些经验不仅仅在分析中重复——在分析家本人身上或者在他的空间细节中逐渐凝固结晶——还在我们的爱情和生活事业中自然地被重复，生活当然是由我们爱和恨的东西支撑的。它们重复的方式就像一个没有对自己明确说出的热切愿望，侵入到我们对事物和人的知觉中，当我们遇到唤醒寓居于我们身上的未察觉的期待的某人或者某物之时，它们就如同潮水一般占领我们对人和物的感知。

但是，但是这样理解的重复在分析中出于两个原因存在不足，导致歪曲。如果我们不是走投无路的话，是不会来见一个精神分析家的，也就是说我们处在一个经受着最强烈的快乐希望和最大痛苦的冲突中。

另一方面,那些呈现给分析家的让我们享受和痛苦的模式并不总是有清楚的理由。因为在以纯粹状态显现的自身与他者间的差距,与所有爱情关系投注所固有的急迫性之间,并没有相互性。分析的移情接纳并强化了所有日常生活中会倾向于重复的事物,那些涉及快乐与幸福的希望的事物,同样地,这种希望并不会抵达目标,而是转向灾难,并产生了一些行为和思想,主体在其中已经无法认出自己。

分析家接待分析者的过程中,分析者在装饰物中发现的那些细节,逐渐获得了一种似乎过分的重要性,但对应的是由治疗产生的紧张感:比如一个年轻的女性,狂热地爱上一个对她来说是巴黎艺术界最闪亮和优秀的男人——那时她不住在巴黎——有一天她带着同样的热情对我说:"您教会了我,人们可以穿红色的衣服!"她在男朋友身上体验到的聪明,有着在我衣服的颜色上感觉到的同样的活力,在这个光彩中掩盖了一个事实:在生命中让她感兴趣的东西,从来没有被她父亲所承认,因此从来就没有任何价值可言。她将她自己与我的红色外套联系起来,就好像存在的光明把她从历史的死胡同中挽救出来。激活了我们情感的东西与将我们置于危险之地的东西非常接近,因此我们完全不想去知道它。梦的图像将我们带领到这些组成元素上。它们一方面把令我们沉醉的东西物质化(红色被使用了);另一方面,又遮盖了我们最害怕的东西。我谈论的这个年轻女性如此热爱衣服的红色活力,事实上,对于她来说,它唤起的是她家族中一个挥之不去的关于孩子死亡的阴影。精神分析被创造出来是为了接待我们自己与自己的分裂——将我们填满的等待从来就不会与我们的期望重合。然而,精神分析学家并没有被分析者的经验所捕捉,这使得将分裂作为分裂凸显出来。

弗洛伊德首先分开处理了两方面,一方面代表在我们生命中留下痕迹的梦和症状,另一方面是被绝对希望所吸引而忽略现实考虑的快乐。从这两类现象出发,他给出了多种公式:早在1895年,他描写了这种精神装置,它把快乐、不快和焦虑进行转化,它们会自然地朝向幻觉而改变,即精神装置无力区分来自我们的和来自外界的东西,只要后者唤醒了我们的激情。然后,在《释梦》(1900年)中,他谈到了"我们欲望的幻觉性实现"。最后,在同样的思想脉络中,他区分了快乐原则和现实原则。在后一个表达中,他并不想说我们因为智力或者感知就自然地朝向现实打开。完全不是这样,现实原则只是快乐原则的内部调整:弗洛伊德试图确认,被一个快乐的绝对希望所支撑的我们的思想,是如何确定其界限,又是如何因陪伴了我们早期生活的他人给出禁止而过滤掉我们思想中的过度。只是后来在1923年,借助于转移性重复的工作工具,他才得以接近自身的错位和快乐的"过度紧张"的表象,这个错位是从梦与清醒的反差中被看见的,也是在症状和爱情状态中显示出来的。于是他采纳了萨宾娜·斯皮尔林(Sabina Spielrein)的建议,将这个快乐的建构性的过度命名为"死亡冲动"。

1923年的这本著作的标题本身——"超越快乐原则"——就指出,占据快乐的,是对断裂点的寻找,对内部灾难的寻找,弗洛伊德曾称之为过度,现在他将其命名为死亡冲动,以便指出旨在快乐的满足携带着湮灭一切期待的趋势,甚至包括取消快乐本身的趋势。在所有的梦当中,梦把对愿望幻觉性的满足搬上了舞台,这可能存在着驱逐噩梦的趋势。但有时候,梦未能成功地驱逐它。这时候,它表现为重复的消极方面。被重复之物的积极一方,在我们的生命中,在梦和话语中,通过无止境的被具象化的想象变化,去创造停留在期待中的一个表达,它自己的表达和它自己的实现。拉康说,无意识既不是非实在,也不是去实在,而是未实现。重复的消极方面在漫画特征和转移重复的趋势中被表明。重复的积极方面则是,那些重复的内容在治疗中变得可以解读,并转变了存在的方式;我们想象生活的无穷变体,它赋予各种快乐以形式,它围绕着一个灾难点打转,各种快乐幻觉形式遮蔽了这个点,然而,这些快乐之形却永远朝向它。这种重复的棱模两可——厄洛斯(Eros)与塔纳托斯(Thanatos)①,爱与恨的矛盾结合,在1923年的弗洛伊德那里作为过度的真正理由呈现了出来,他更早的时候就已经在具有全能快乐的希望内部注意到了它。在快乐之外,是毁灭的风险,如同在梦之外的,是噩梦之点。

弗洛伊德正是通过对重复经验的接近,发现并厘清了这些观点,而在弗洛伊德之前没有任何人想过要接近它:从自己与自己的错位,到快乐固有的过度,后者可能给我们自身稳定的组织带来风险。他把战争神经症患者的噩梦、孩子们的游戏和成年人去剧院为悲剧鼓掌的矛盾快乐放在一起思考。分析者在分析中获得了焦虑的快乐,他们在转移中带着激情重复它,直至漫画式的夸张,在原则上他们刚刚解除的症状是弗洛伊德用重复的概念所考虑的现象,这允许他构想了战争神经症患者、儿童游戏和从悲剧中获得快乐这三者之间的共同领域。

快乐因此是一种很奇怪的经验,因为如果它与不快相反,是要去寻找而不是去逃离的话,它在另外的意义上,则有可能是作为快乐被取消的一极。在转移的重复这一概念的帮助

---

① 即希腊爱神与死神。——译注

下,可以把所有的精神分析都定义为一个被发现的共同空间,在战争神经症的噩梦、不停重复的儿童游戏和成人的戏剧性的重复三种经验中被发现的共同空间。这也是为什么我在开始就说,精神分析位于治疗和文化之间。

凭借作为治疗中重复的操作,我们有必要在这三个经验的汇合之地暂停一下。在日常生活中,我们或多或少都有关于梦的确切记忆;某些只在当下停留,某些却可以在我们身上停留一整天。关于它们的记忆的鲜活性,有赖于我们存在的不同阶段。在所有情况下,我们身上停留了梦的印象是一种很多情节变体的印象。另外,梦也逃离我们的事实,即我们虽然制造了形象,却在这些形象思绪中不知自己身处何处的事实,这里面涉及巨大的多样性。正是这种多样性使我们能够拥有这些思想却没有注意到它们。然而在某些极端暴力(诸如战争体验)——1914年、1939年、越南战争等——之后,归来士兵们的梦呈现出了一种特别形态:那些在20年代去见弗洛伊德的人整晚都做着同一个噩梦,它们再现了实在事件中战友的身体被撕裂、另一个人失去他的眼睛等等的发生过程。因此,一直吸引创伤神经症注意的,是平常想象特征的多样性,此时组织睡眠生活和清醒生活间反差的多样性消失了,病人们总是做着同一个关于灾难的梦,这个梦与发生在病人身上并将其压碎的生活完全没有了距离。同时,弗洛伊德观察到,这些男人和女人的生活变得死气沉沉和机械化,成为刻板空洞的功能之重复。这些人整晚梦见同样的灾难,而不再创造他们的生活。弗洛伊德假设,我们梦的变化、想象的发展,与我们存在的活力相关,虽然我们大多数时候无法觉察这一点。因为我们同样有着不同梦境的经验,包括噩梦的经验,所以我们可以理解在创伤神经症那里以这种特别方式出现的东西。患者径直来到噩梦之点,后者碾碎了幻想多种形式的可能性,它们在正常情况下围绕着、转变着并掩盖着我们最根本的焦虑。在创伤神经症当中,一个事件在现实中从表面上晶体化了让我们恐惧的东西本身,我们无法加以改变,无法与恐惧游戏,并生产出不同的梦和经过投注的清醒状态的活动。战争神经症允许更好地理解做梦的快乐,与在其他神经症中对噩梦点的靠近之间的关系。我们也由此理解,是梦和存在的创造性的展开,通过它们形式上的无穷多样性,允许我们远离让我们惧怕的灾难,同时,生活允许我们去改变。

同时,这种创伤神经症中作为纯粹状态的噩梦澄清了现实事件和由它诱发且此后会不停返回的巨大痛苦之间的重叠:外在的灾难开始替代所有主体内部的其他痛苦。事件的严重性湮没了主体。实际上,事件取消了区分什么是主体和什么是非主体的东西的可能性。从对立面来看,我们可以构想,梦的作用就是在想象生活和我们命名为现实的东西之间建构区别。平常,我们用现实来抵御梦,但是,当除了噩梦之外便一无所有的时候,就没有了梦和现实之间的区分。简而言之,这就是弗洛伊德在《超越快乐原则》当中举的关于重复的第一个例子,它让我们理解了重复的毁灭性方面。

第二个例子涉及儿童游戏,它们也是围绕着对灾难的恐惧建构起来的,但是这次它们有所改变。这个例子成了精神分析报告中的"万金油",在提及"线圈游戏"的时候很难不掉进陈腐与滑稽的陷阱。然而,在关于重复的四个领域的序列中,它们允许我们考虑快乐及其超越,第二个经验是决定性的:它使我们理解在我们的所作所为中那些把我们吸引到构成自身最大痛苦点的东西,同时可以看到我们是如何通过创造那些让我们痛苦的事物——缺席,以及它唤起的焦虑——的符号替代物而远离它的,从那时候开始,创造出让我们对一个模棱两可的快乐感到满意的东西。孩子用创造情节来游戏,圈定并改变了让他感到恐惧的东西:他们害怕看医生,他们带着巨大的快乐扮演医生。他们像要我们给他们一遍遍读同一个悲伤故事那样,带着愉悦期待着叙述的结尾,就像《塞甘先生的山羊》(都德)里的那样:"它和狼搏斗了一整夜,然后,早晨一到,狼把羊吃了。"弗洛伊德注意到,在他女儿索菲的儿子的例子中,索菲的丈夫那时参加了战争,这个小男孩在会说话之前玩着让自己在镜子中消失的游戏。当他妈妈不在场的时候,他把一个线圈丢出床外边,同时兴奋地叫道"噢"。那个阶段是他试图控制发音转换的时期(哦/啊,正如 fort/da,意为去/来)。重要的是,快乐的矛盾时刻就是客体被主体远离的时刻。对线圈的远离重复着,但是在另一些条件下,如果不是在一个情节中创造了一个类似物的话,就对抗母亲的远离而言的孩子是无助的,在那里,孩子、母亲、线圈、在前线的父亲都可以改变他们的角色。在这个游戏中,影射着让人痛苦的东西,也存在自身感觉被粉碎的危险。正是这个提及让人痛苦之物的需要滋养着痛苦,如同战争神经症的噩梦一样。但是,游戏并非直接进入灾难,而是揭开了幕布的一角,结束了冰封存在的角色固着:如果我轮流扮演狼和整晚战斗的小羊,我就不会再为它们中的任何一个而纠结。如果被男孩抛出摇篮的线圈一会是他自己(其痛苦把他丢出舒适之外),一会又是他妈妈(他让她离开去了某个不知道的地方),那么孩子就不会被这些人物中的任何一个所吞噬。这样一来,游戏发明了一种在他所创造的和他所重复的东西之间的区别,就像被"事实"强迫着体验那样。也许,我们能做的关于灾难的事情,无论大人还是小孩,伴随着将其掩盖在最初与周围的交流中而形成的童年冲动,最好的办法就是游戏和大笑。

与精神分析契合的如奥利维·德布雷(Olivier Debré)的

画作①:颜料浓墨重彩地铺陈开来,赋予作品暖意。画布的一角,窗帘被挑开,露出沉重混沌,浑沉却闪亮,令人迷醉。在创伤性神经症当中,与痛苦游戏的能力已经破碎了。为了不让运转停止,精神装置会无休止地去表现在看似外在的灾难形象中无法忍受的东西。在噩梦中被表现的灾难的实在属性是一个没有了游戏的信号,失去可能的角色转换。这种转换的能力,我们通常将其命名为主体性,或者,根据一种空间的隐喻,它是内化性。对于精神分析来说,我们称为内部生活的东西,是通过角色替代和客体替代,在我们的梦和在引导我们生活的选择中,将快乐和不快联系起来的能力。游戏,就是一直将痛苦转化为快乐。

这个命题也会与弗洛伊德的第三个例子联系起来,他在《超越快乐原则》一文中非常匆忙地提及过,它是对亚里士多德《诗学》的一个简明的阅读,也是关于被认为是人类最高行动的悲剧演出的一种理论。Poiein,在希腊语中意为行动,从其最积极的意义上看,希腊文化并不重视"创造"这个圣经主题。如果我们是成人,我们不再玩医生扮演的游戏,也不会像罗内·克莱蒙(René Clement)的电影《被禁止的游戏》②里面

---

① 法文版封面使用了德布雷画作。——译注
② 1952年由同名小说拍摄的电影,中文又名《爱的罗曼史》。——译注

那样,当冲突和战争即将来临的时刻,当成人世界当下陷于一片混乱的时候,作为主角的孩子,要去安葬一条狗。我们不再游戏,但是我们会去剧院。被紧张严肃的社会生活占据的成年人,如果晚上可以出门,来到一些对于我们来说代表了人类生活动力的地方,其所有功能都是要让我们忘记白天事务,那对于我们来说简直跟过节一样,有时我们深陷其中,汲取到极大的快乐。下面是最近的一个例子:1997 年 11 月的一个星期天的下午,受到朋友的邀请——他把一切都安排好了——我来到南特扁桃树剧院,去观赏一出我尚不熟悉的莎士比亚戏剧《一报还一报》(*Measure for Measure*),由斯特法纳·布隆什维格(Stéphane Braunschweig)搬上舞台。这几个小时的纯粹快乐,完全出乎我的意料。但是快乐从何而来呢?这出戏剧讲的是文艺复兴时期威尼斯城的一个君主,如果我们相信演员们所穿的服装的话,当然也可能发生在我们现代世界。这个君主远离权力,因为有一些重要任务将他召唤到别处,于是他任命了一个摄政王。后者想要建立城里的道德秩序,想让清教风俗回归,清净到一尘不染。他控制公民们的行为,关闭寻欢作乐的据点,还把那些经常出入风月之地的"寻欢作乐者"关进监狱。剧中主角之一进了监狱,年轻人之前还在高朋满座的屋子里觥筹交错,随后就置身监狱的铁窗后面。主角忠诚的朋友们想到了一个救他出去的计谋:他有一个姐妹,美丽,聪慧,在修行上颇有造诣,她进了修道院。这些朋友们就请求年轻的女孩去引诱摄政王并迫使其让步。于是令人惊叹又战栗的一幕出现了:年轻的修女,因为她尚未最后宣誓而得以离开修道院,去面对暴君。在布隆什维格版本的舞台上,暴君在他控制的一个倾斜平面上接待了她。从每个主角所谓原则上的纯洁,到最微妙的倒错,每个人都在原则的名义下,想要收买别人,那些被界定为正直的行为和情感的事物的巨大模糊性,突然以一种强烈的清晰性呈现出来;年轻的女孩答应暴君,用她自己来交换兄弟的自由,然而她完全是一语双关,因为我们不知道她将以怎样的方式给出自己,是她作为女人的身体还是她自己的牺牲。暴君想要估量的——女孩所具象化的纯洁,也许正是阴险的计谋。她把纯洁具象化——这正是暴君试图揣度的,也许这正是阴险的计谋。而他要以道德和政治秩序之名对快乐进行审判,他所宣扬的强硬,虽然是无用的,但难道不是事实上迫不得已的选择?因为他或许已经无条件地对这个比他更真实的年轻女孩动心了。或者,利用表面上对她纯洁的尊重,他仅仅是为了得到她,以破坏她的清修,强迫她的纯洁背叛她自己?他在公正中扮演什么样的角色呢?为了感受一次自己强硬的极端,还是去证实萨德式的无动于衷:没有任何纯洁可以抵御权力?而这个年轻修女的纯洁有什么价值呢?这个年轻修女突然被两人面对面的场合所改变,她并不想救自己的哥哥,她只是出于责任而接受这个任务,我们感觉到了将她与兄弟相连的所有复杂性。在这两个禁欲者的面对面中,一个是宗教人,另一个是政治人,他们之间是真的相遇,还只是纯粹的算计?这是无法明确的。由于文本和改编,政治和情欲生活中的离奇的微妙被突然展现,于是一个小时以前还被困在日常琐事中的观众们,放空他们的事务,不用思考欲望的复杂性和所有支撑社会规则的东西。惊奇和对人类动力的承认吸引了观众,因为戏剧在"重复",它呈现出了一种微妙又深沉的快乐,因为它选择呈现凝缩生命中错综复杂的东西,日常生活让我们远离了它们,就像清醒拿走了我们的梦和噩梦。我们相信了怎样的信仰施加在我们所亲近的人身上?是因为利益或是倾向把他们和我们联系在一起?原则的一致性是否已经足够让我们远离不确定?究竟是为了社会的公正,还是苛政?二者如何判定?暴虐的统治又是从何开始的?

这个对人类事务不可理喻的倒错的突然深入,可能是一种噩梦的内容,梦者突然苏醒,意识到自己已经背叛了生活的理性。啊,对于那些由此变得一致的观众而言,表演创造了一种全新的快乐。它从政治与爱情的深渊中汲取了一种快乐。如亚里士多德所说,它是诗性的。在奥利维·德布雷的画布上,在象征的和社会的领域中显得稳定的东西的反面,面纱被揭开，它提示着那些涉及混沌的东西，以及那些与赋予整个画布以内容的色彩的丰富非常相合的东西。这就是在艺术中弗洛伊德所说的"生冲动与死冲动的交织"：当一幅作品产生时，它使得与主体消失的危险进行游戏成为可能，使得那些本来会带来存在消失之危险的探讨重新变得可能。

这同样是转移的关键所在：重复的第四种领域作为度量前三种的工具，也服务于分析者。弗洛伊德逐渐发现，有一种东西既是对治愈的帮助，又是对离开神经症的阻碍。通过对症状的固着——固着在代价昂贵的妥协之上，在他必须渴求又让他止步的东西之间的妥协——病人说，为了重现那些阻碍他生活的刻板思想和行为，他不仅仅依赖于在分析家面前表达的重复。他越是进一步分析，就越依附于他勾画出的转移的爱恨上，在分析室里，他以漫画式的夸张表达激情，以求原样呈现。就好像他满足于沉浸在自己的噩梦中，在他非常特别的分析场景中不断重复。分析者攥着他特殊的痛苦模式，把分析家安插在将它们永恒化的位置上。如同弗洛伊德所说，病人不想治愈，也不想创造出新的场景，他想永远痛苦下去。在痛苦的锁链周围，没有任何快乐可以被筹划。这个重复的结是所有分析都会遇见的，正是它需要被解开。

由此我们也就能更好理解，介于治疗和文化之间的精神分析是一种实践，它使得快乐的过度与自身的不一致重新搭接起来,这种不一致既是人类个体独特性的源泉,也是失败的可能性。

因为,就拿噩梦剧本中的重复现象来说,虽然它建构了我们,它混合了我们的快乐本是寻常,可它所意味的东西意味着我们本身就是不可理解、不可被接受的和陌生的。装饰着我们的梦的噩梦之点,是我们想从自身逃离的东西,因此就我们在自身发现的东西而言,噩梦点也是让我们陷于分裂境地的东西;相比我们所相信的愿望、行为和感觉,它们处于危险的、暧昧的位置。这种差距也可以在一种能量的语言中被言说:快乐试图通过自己的努力朝向幻觉,将客体感知为在场,这些客体以一种只可能是废墟的模式而被它赋予形式。噩梦与梦的结点,死神与爱神的交错是一个观念的新的形成,快乐自身通过结构化我们人类的独特性,终将朝向过度。负性转移(transfert négatif)、剧院的快乐、儿童游戏和创伤性神经症给出几种混合类型,它们是在抵达噩梦点、从接近它们而获得快乐和改变涉及我们自身区域中获得快乐之间的混合类型。这就是为什么,通过对这四种经验的接触,我们正好掌握了精神分析接纳的实在和它所允许的改变。转移是这种改变的障碍和助力——正是它的模糊性,在这种不同当中进行测量——既是微小的也是决定性的,在重复的毁灭的一面和创造的一面之间进行测量,后者造就了存在的创造性本身,使它成为一种鲜活的人类生活:可能将我们的生活变成噩梦的东西,我们不可能在控制的模式上触及它。这也是为什么转移是必要的:它现实化了——在使其成为当下和将其揭示的双重意义上——通过归咎给他人而建构我们的东西。当分析家谈论这种异化,即这种在治疗中我们通过必要的他人来代表而重复的东西,分析家们把这个他人(autre)写成大写的"A",是为了指出我们必然会理想化从自身分割出去的部分。

创伤性神经症让我们有机会理解,如果我们被将我们异化的东西所绝对地切割了,那么我们的快乐会是平淡的,无法意识到我们永远以同样方式逃离的东西正是我们自己。如同戏剧艺术中,对我们症状的解决是去贴近这些点,通过创造将其转换为作品材料的生命。改变生命品质的东西,是在画作的一角或者在它的中心,让那些可能夺走光彩的危险之物呈现出来,后者与重现的色彩张力很好地混合在一起。

第二章
快乐是过度的,并不是说它是非理性的

当我们更好地理解了噩梦与梦之间的相邻性——虽然这二者也是相对的——我们也就更好地明白,快乐与被精神分析称为性欲的二者间的矛盾。精神分析最大的新意,在于它通过人们在过度中抵达快乐的方式定义了人类存在的独特快乐。然而,精神分析并不是对快乐的颂扬,也非对它的谴责。它不像哲学家那样建立起一个快乐的伦理,这个伦理通过一些价值与理想框定了它命名为危险的东西。精神分析不是一种享乐主义,即建立在快乐价值及其意义之上的道德;也非一种戒规主义,即此二人谈论的规则的严苛性:它既不是伊壁鸠鲁的,因此也不是康德的。但是,它研究在人性中以人的矛盾逻辑来体验快乐的方式。在哲学上,人们总是通过伦理的禁令太快地限定快乐:对于柏拉图来说,快乐是不可确定的。就比如在物质层面上,它使我们进入到一种彻底的不可满足的体验中。柏拉图认为,欲望的不可满足性与物质的非理性是同一体验。欲望一旦缓和,又会立即重生,在他看来,正是这个性质让我们进入到一种任何物质都具有不稳定性的体验中。心理学上的快乐,延伸到了形而上学的物质的无限性和非理性中。这就是为什么柏拉图在智慧的教育中倡导只保留那些不属于非确定性的快乐,因为这些快乐不会在欲望和缺失的交替中摇摆。对于他来说,在增强的欲望和尾随满足而至的缺失间交替的快乐不会给稳定的确定性留下任何机会。只有那些所谓纯净的快乐,即那些不伴随缺失的快乐,比如思考,尤其是数学的思考,才是稳定的。

在思想史的另一时代,我们在哲学中找到比如康德关于快乐的陈述,他指出快乐在何种程度上肯定了他关于不可确定性的主题,实际上就是一种无法感知原则下的请愿。康德很敏锐:他并不直接谴责快乐,但是他确定地说不会有快乐的科学,因为我们无法测量我们的伟大,就好像我们无法衡量我们能够知道的和预见到的东西。康德说,没有什么可以被预先地确定,即是说,根据必要的规则,在一种即将到来的情况下,哪种表象伴随着快乐,就会伴随着痛苦。康德所有对道德生活的描述都依赖于这个公理,它是快乐不确定性的现代版。当然,天主教改变了世俗思想中关于快乐的部分。对于牛顿和康德,物质不再和柏拉图的一样,它被拆解了,既不是恒常的也不是确定的。但是关于快乐的过度维度及其不确定性之间的混淆,这却是确定的,在西方的思想史上惊人地持续下来,直到弗洛伊德。而这一点,甚至在许多试图重建快乐价值的思想家那里也是一样。

显然,事实上,伊壁鸠鲁派的思想并未如此发展:对于伊壁鸠鲁来说,只有快乐才使我们呈现在实在之中。然而,因为我们是当下时间的囚徒,不是去品尝各种快乐(它们成了我们获得时间幻觉的机会),而是忧心忡忡地想象它们在未来不会一直持续下去,因此就进入所有阻止我们品尝快感的迷信之中。最终,智慧,再一次选择了让我们不朝向幻觉希望的那些快乐,于是这个与实在微妙相合的快乐辩护就终结于对危险经验的战战兢兢的求助,并孕育了时间中所有的非理性。就像我们说的伊壁鸠鲁派:为了无痛生活,别太投入生活(vivre à peine pour vivre sans peine)。这里并不是要像柏拉图那样,从混合着缺失的快乐中区分出纯粹快乐,这里已经没有快乐的分类,它只是要保持唯一的快乐,不让我们丢失事物现实的那些快乐。其他都被认为是非理性的。

精神分析巨大的新意,在于它不再把过度的快乐当作一种非理性:通过一种新的方式,对梦、对激情、对思想、对活动进行研究,精神分析家专注于在人类的不同存在区分中保留在他们快乐经验中的东西。这种经验,是自己留下痕迹的过程,所以我们可以研究它;该过程有一个历史:它刻画了每一个人,让他跟其他任何人都不一样。它不是一种科学,因为根据现代科学的可重复试验原则的严格模式来看,它是无法被验证的。然而精神分析面对的是它在科学中、在实践和理论中建立的典型关系;跟所有的科学一样,精神分析将其对象定义为一种关系,而不是一种天然的数据:它研究的是人类如何通过这种方式相互区分,每一次都是确定的,制造快乐的经验,并且过度地体验快乐。思考快乐,对于体验它和研究它的人来说,并不是在思考中放任无组织的状态。思考快乐,是去理解人类的独特性是如何被决定的。

虽然对于体验到快乐的人来说,它是危险的,然而它并不是非理性的;在精神分析中,人类会区分出快乐的两个方面,而这两个方面在哲学当中确实是一直被混淆的,甚至没有被意识到是混淆的:通过主体,快乐不解除对自己的感觉、情感和行为的控制,并不意味着对它完全没有思考。带着各自独特性的人,在经验领域中,自己决定了什么在他们控制范围之外。爱情生活的经验指出了经验性地被精神分析的转移所隔离的东西:为了抵达自身,必须经由另一个人,即分析家。正是得益于这种异化,而不是虽然有了异化,我们命名为"自身"

之物的独特性才被决定了。它是被能激发它的快乐和痛苦的东西所决定的。某人的身份就在其快乐的命运中出场。

这是一个四十岁男人的例子,他叫阿兰·布尔乔亚[①] (Alain Bourgeois)。此人是"重要的国家公务员",虽然在事业上非常成功,但是他在生活中总有与其失之交臂的东西,他自己从来没有做过任何决定,一直积累着与女人的半失败关系,无法从中走出。分析之初,他谈论了很多与一个他很喜欢的女人的激情关系,既暴力又强迫。这个女人让他懂得了很多文化中的东西。他认为这个女人有一个真正意义上的家庭,而他自己却相反,所有的关系都是虚假的。然而,在他的性生活中,他一直都处于不满足状态:他的女朋友无法满足他的欲望,他又受不了女朋友不跟他达成他想要的一致。为了经受住这种状况,他一边犹豫着分手,一边靠打网球发泄。当然他害怕再一次的分手,他拼命地想了解他的欲望在哪里成为不可接受的。有一天,在一个他确信正在变好的时期,一方面换工作的可能性已经被勾画出来,另一方面他已经感觉到与女友的关系有所平缓,他给我打电话,就在分析开始前一小时,

---

[①] Bourgeois 在法语中还有资产阶级的意思,从这个命名中我们可以看到该分析者的身份认同。——译注

他告知他将要缺席几天。他来做分析,解释说他要带女友出去休息几天,她非常抑郁和疲倦:"当我控制事情的时候,情况总会好转。"这个男人在分析中,花了大量的时间去探查与他在乎的那些人之间的关系,不停地询问他是否真正在场;他带着美好的愿望,同时也知道那只是些没用的意愿,他希望事情得到好转,却又总是重复地掉进悲伤当中。当情况变得僵持和失去控制的时候,他会贸然"丢下"所从事的活动。他很清楚自己的苛责与强硬,仿佛是他的工作要求他做的,也正如他的家庭教他的那样,但是经常的,这种作为"负责人"和"头头"的行为方式在他自己看来是不真实的,于是他既不知道如何做一个男人,也不知道如何做自己。然而,这种确定的欲望和怀疑经常袭击他的爱情和性生活,因为他和女友动辄陷入相互殴打当中。这是一个让人好奇的例子,它可以指出精神分析通过快乐听到了什么。哈!一个绝佳的例子:在这个分析中,他追寻的东西是一种有趣的生活,即是说,这个男人想按照自己的意愿生活,其探路石正是性欲。此人在生活中努力保持自己好的一面,又以重复的方式面对愿望的落空。精神分析的框架被他用来适应使幻想破灭的节奏和风格,这个行为有规律地来到他的生活中,他逐渐辨认出寓居于他身上的冲突的痕迹:他说服自己,母亲不爱他,从未在意过他的存在,而女友的母亲在他看来却是真实情感和成功传承的榜样。

同时,他也确认了他对这种贯穿始终的抱怨的起源一无所知,在他的历史中没有任何东西证明这种恼人的严重性。

让我们回到他给我打电话的那天。他匆忙地来做分析,因为他迟到了半个小时。这种匆忙重复着他经常讲述的东西:他这种提出要求的方式极其强硬,又不合时宜。也正因如此,他在职业生涯中无法得到承认,以重复的方式在两种欲望之间来回摇摆,他想跟女性们好好相处,又规律性地突然使用暴力行为:像是一桩有效的生意。这次分析过程中,我向他表达了我的惊讶,并且表示我不会给他另外的时间补上他将缺席的分析:"如您所说,我们正处于困难时期,重要的是,别对发生的事情视而不见。"一段沉默之后,他宣称,就在今天他有一个念头:因为同时要顾及三方面的事情——两种工作和他与女友的生活,早上他对自己说,他想停止分析,当然还没有真正确定。他先支付了缺席的分析费用。周末之后,他回来了,讲述了下面这个梦:"我跟露西儿在一起,她在吸食粉末,旁边有几个以前和我一起的朋友。我被带着吸了她吸的东西,我们融为一体,感觉很棒。"对于这个梦的联想涉及这个周末发生的事情。恰好,他们两个人相处得很不愉快。他本想改变之前的主意,带她到山上去徒步,而她觉得会太累,觉得他从不知道消停。晚上在宾馆,他们决定休息,但是也没有平静:他想要她给他口,她则拒绝了,并偏向使用一个他不喜欢的体位。而梦里面他遇到的另一个女孩,她知道如何找到他喜欢的姿势。另外,与这个女孩子在一起,与现女友相反,他有引诱她的主动性;跟她在一起,他能真切地感受自我,这种感觉是从来没有过的。昨天,他们俩终于稍稍远离了忧伤,于是他对自己说,到今天这步田地也许并不是他一个人的问题,她的女友也许也有困难,她的妈妈可能并不像他以前所想的那么美好。

最后这个细节在我看来非常重要。因为,实际上,这是第一次,这个男人与他的确信分离了,他曾经把它们看作一幢幻想大厦的组成部分之一,也就是说,他自己组织起来的情节的展开。其中包含多个母亲形象,而这些母亲形象都与他扮演的男人身份相关。一个幻想,是听到和看到之物的联结,从与周围的一些优先关系中被提取出来,当每个个体作为男人或者作为女人被定义的时候,就会通过这些材料展现出来。一个幻想,就是一个拼凑起来的身份。

我对同他所说的词义相对的词非常关注,这些词被他用来展现梦和话语:要离开的分析/要继续的分析、糟糕的母亲/完美的母亲、拒绝他偏爱体位的女人/允许这些体位的女人。很重要的是,梦的剧本把快乐和人物间的混淆联系起来,混淆通过吸食同一物质的事实表现出来:"露西儿把我带到她的呼吸里面",他说;而在这个团体中模糊在场的男性朋友们又给他的梦加入了一种混乱享乐的感觉。在这嗅觉当中,再没有了分离。同时,这个梦激起了他在睡眠过程中的射精。他很明白地说,它涉及让他感觉作为男人的东西,同时,也涉及他女友拒绝了这个东西之后的痛苦印象。但是他发现,通过讲述这个梦,他没有办法知道究竟是他在寻求与她一致的不可能,还是他们之间的关系本来就不可能。但重要的是,他第一次远离了矛盾的情绪,在那之前它们总是轮流占据着他。通过转移中的重复,远离矛盾情绪才成为可能:他带着神经质的恐慌打来电话,却故作忙碌绅士的礼貌和专注的样子,要取消一次约会。当我试图把他的匆忙中的复杂之处以词语的方式呈现出来时,他把我的话语当作理解他正在做的事情的一次机会,而没有当作一种刁难或者一种规则的僵化训练。从此之后,他与女朋友的那种状况改变了一些,他也可以承认自己对理想女性形象的矛盾要求,并打破了这个形象。

这个简短的分析允许我们理解精神分析是如何处理快乐的,以及它所说的性欲意味着什么。分析者的所有思想都是与快乐有关的假设:不仅仅是因为他只谈论这个,而且因为一个分析的关键就是去抓住某个点,在这个点上,梦想和被经历的快乐剧本进入一个与阻止存在的东西的具体关系中。就这个分析者来说,重要的是他不知道作为男人的他是谁。他想知道拥有一个性器官是什么意思,他埋怨父母形象没让他找到答案,同时他把所有的过去的和现在的回忆和选择这些材料重新置入疑问中,在那里他被推动着要找到回应其男人欲望的东西。展开。在这个寻找中,他感觉自己高效的决策者的人格被取消了,这和在情侣角色中他自己的欲望总是被伴侣挫败的情况一模一样。我们说,精神分析完全是在快乐的场域中展开的,而在制造一些特别身份的方式上,正如我们所见,精神分析并不意味着它仅仅涉及快乐的感觉。若要一般化地谈论"生理快感",那必定是个错误。快乐既不只是生理的,也不只是心理的。这些术语一旦涉及弗洛伊德命名为的"冲动之物",必定失去其恰当性。事实上,快乐的术语总是回溯到形象上——剧本和叙述——是它们确定了人之存在的性享乐(Jouissance),也定义了他或者她称之为男人和女人的东西。对于这个分析者来说,在"女人味"(odor di femina)(在纵容的朋友模糊地在场的条件下)和像做决定一样想要一个女人之间,某种重要的东西在这两件事的关系之间起了作用。同时在分析中,在爱情中给予对方的关心的主题上,他有一种非常理想化的语言,就像"童子军,时刻准备着"的腔调,它掩盖了这个幻想内在的复杂性和冲突。在快乐维度的体验上,让他怀疑其满足的东西被表达了,如同在梦中被实现。诚然,一个性快乐在梦中被体验到了,以弗洛伊德命名为"幻想性的"而被加速的方式,但是这个满足通过它与在幻想本身的结构中对立物间的矛盾关系而变得举足轻重。快乐与牵绊、禁止它的东西联合起来。这就是分析材料中组成成分之间的关系。也是我在本书开头讲快乐、不快和焦虑联系起来的东西,一如精神分析领域本身。

然而,这个为我们展示的例子,从这个迫切又不合时宜的强求出发,指向了快乐——我将其命名为过度的特征——相比第一章以重复为中心,这是一个非常不同的特点。另一方面,快乐和性欲的关系在这里极为显著,因为在阿兰·布尔乔亚的剧本和梦中,其隐含的性行为方式扮演了一个决定性的角色:得到一个女人、做决定,这些事情都意味着给他的阴茎现实赋予一个意义,它通过一种被动的欲望——作为口交的客体融化在被他人所吸引的气味中——和更加主动的表象(représentation)间的联合来实现。一旦涉及到做爱,身份和快乐之间的关系看起来是明白的,然而在精神分析的领域,身份与快乐之间的直接关系并非总是被性欲的术语所定义。实际上,通过性欲,我们提到如此之多的幻想以及同样多的实践,在这些幻想和实践中我们关于快乐、不快和焦虑的独特身份开始成形。

同时需要区分,标定了每个个体独特性的快乐的过度,以及超越快乐原则里的另一种过度。

过度并非是非理性的,它具有多种形式。

我们已经在第一章看到,在重复中起作用的死亡冲动,在一方面,是强制精神装置工作的快乐可能性本身。这是战争神经症的情况,弗洛伊德时常说,在创伤的经验中,一个唤起过多痛苦的复现表象间的联系,是所有快乐考虑的准备工作。此处,痛苦的过度杀死了改变的可能性本身,比如孩子们会通过他们的游戏,把痛苦变成快乐。对快乐原则的"超越"有这个意思。弗洛伊德说:有时候精神装置会把联系不同表象作为准备工作。在日常生活中,我们的噩梦,它们也指出,朝向快乐的点像是不可能的:如果它们将我们唤醒,那是因为它们向我们展示了某些不可忍受之物。

然而同时,在快乐内部存在着一种过度,之前我举的那个临床的例子,可以向大家展示这种过度,正如我们在某个时刻看到的那样。我们暂时说,在快乐这方面,布尔乔亚发现了他不能控制他称为"他自己"的那部分。

最后,即便这两种过度的形式得到区分,它们仍旧是联系着的:我刚刚提及的,过度存在于快乐的地方,实际上就是在创伤中,性欲可以转化成快乐的地方。所有的创伤或者某一个创伤整体都可能无法抛开快乐原则的领域。弗洛伊德命名为死冲动的东西,在重复中,引入了与快乐朝向不同的东西。但是,死冲动的术语仍然使用了"冲动"。而冲动就是我们快乐和不快的组织和命运。通过谈论儿童游戏、戏剧性的快乐与转移,我们开始理解到,其中一种是属于毁灭者的,而另一种则通过接近毁灭使朝向"快乐"的过程成为可能。但是这种快乐,看起来是直接从死冲动那里争取到的,而不是性的快乐:是去看戏剧,创造游戏,通过转移、通过制造自身的漫画形象来发现自己;并不是做爱,它不是普通意义上的性。为了解释明白这些地方,需要明确快乐/不快和性欲之间的关系。

在阿兰·布尔乔亚的分析片段中,它们关系中的明晰性也许掩盖了快乐和性欲关系间的晦涩。

因此接下来,我们要进入关于快乐的过度的第二种形式。为了阐明性欲和快乐之间的关系,让我们找一个它们关系的明确性不如布尔乔亚的个案。布里吉特·勒鲁(Brigitte Leroux)是一个快 40 岁的年轻女性,魅力十足又很严肃:她穿着简洁又合身裁剪的套装,蓝色、黑色、白色,总是经典式样。一只漂亮的表搭配一条手链就是全部的首饰,使她看起来像是还保留着少女的愁绪。她来见精神分析家,因为十年来都没有任何爱情生活,她因此而担心。十年前她有过一次激情的经历,从此之后再也没有体验过如此的激情,那个男人在犹豫之后没有为了她离开他妻子。那时她彻底萎靡不振,也做了段时间的心理治疗,但很快中断,因为这使她更加痛苦。关于这个情人,他通过让她恐惧,使她意识到她可以服从于某人,布里吉特带着坚定第一次向我宣告关于男人的想法:对于他们渴望的女人,他们就像是胆小鬼。推而广之,男人在众多情况下都是这样。一个坚定的信念,很难再讨论些什么。在这个女性身上,这个无止境的问题是一个明显事实:性让男人们变得不可靠,她无法理解我们如何可以生活在一个不可靠的宇宙里。另外,她自己建立起一个不容置疑的可靠世界。她来自一个工人家庭,十五岁便离开了家。她一边工作,一边在护士学校里准备考试。因为她受不了酗酒的父亲,她既受不了父亲喝酒之后对待母亲的方式,也受不了第二天早上母亲对父亲的各种苛刻。那段时间里,为了接受父亲碰面的邀请,她要求他在她面前时绝不能喝酒;而因为他不信守这个约定,她就完全不见他了。因为母亲在学业中帮助了她,所以她对母亲怀着深厚的感情。因为布里吉特非常聪明,超级可靠,实际上也很有创造性,她后来成了一个与教育运动相关的报业集团的领导。她非常灵巧地管理着这些工作团队,也从不让自己过多卷入友谊当中。布里吉特·勒鲁坚持人际关系的绝对可靠性,她好像是一个厉害的"错误校对器"。这绝不是无稽之谈,有两个原因:首先,即便在分析中,她也需要不停地说明自己那些原则的正确性,她也强调了这些原则是从痛苦中抽取出来的事实。她让自己完全融入到一句某个上层人士对她说过的话中,这使她痛苦了十年:"你在自己周围营造了一个大圈,要是有人把脚放进去的话,你就会碾碎他。"另一方面,这个年轻女人谈论很多电影,在电影院昏暗的大厅里,她由此感觉到在别处被禁止的情绪涌动:她喜欢惊悚片,混合着激烈情绪的犯罪故事,她尤其喜欢与孩子有关的故事。她看了无数次查尔斯·劳顿导演的《猎人之夜》(*La Nuit du chasseur*),她被面对卑劣继父(罗伯特·米彻姆饰)的孩子所打动,孩子们反抗这个父亲,而他则要报复这些孩子们。她还讲述了自己对另一部日本电影(黑泽明导演)的同样感受,电影中的孩子被他的工作环境严重影响了健康,他想为收留过他的老人付医药费。最让她感动的是,这个孩子并没有告诉老人,为了他,孩子毁了自己的生活。这些原则有着严苛要求:只有不夸耀卖弄的自我献身,才是人类真正的品质。正是为了展示她的这些强制性原则的价值,布里吉特·勒鲁一开始就讲述了她喜爱的电影。但是在叙述中,唤起了一种抑制不住的需要,让她去想象那些引人入胜的情景,这使她热泪盈眶。也就是说,在分析中把它们说出来的这唯一事实,改变了她理解这些剧情的方式,或者让她对在那里感觉到有点危险的快乐有所察觉,然而,这不会影响到任何人,因为她是孤独的。她笑着听完我对她的隐秘情感所做的评论,这些情感形成其原则的另一面。在转移当中,布里吉特·勒鲁轮流占据了两个相当不同的立场。她时而乐在其中,当听到自己的话语非同寻常,或是更加轻松地对待自己的生活时,便会打心底感到满意;时而又对她工作中管理的场景表达出复杂的异议,用最精确的语言描述工作中的自己,这一忧虑似乎令她感到不适,有时候向我这边抛出一句"您听到我说的吗",这让我自问她在对着谁说话,她在怎样的封闭中调整自己的各种策略。她所恳求的这个"追随伙伴"看来并不让她吃惊,仿佛是为了在事业中取得进展而被需要的第二个哑巴。她逐渐确信所有人际关系都具有不可持续的特点,它允许入侵与独立,她在成长起来的家庭形态中赋予自己的形象也随之改变了。一天,她对男人们的愤怒借助着与某男同事的关系发展被激起,这个人写信向她表白,而她的断然回绝却不能阻止他的书信轰炸。于是一种真正激烈的恨意被表达了出来,她感到一种无力的愤怒。但对于另一个人可以入侵她的情感这个观点而言,她觉得自己有点反应过头。她说自己对那些试图越其雷池的男人感到无穷尽的愤怒。他们有何权利与我有关系?而因为她过于强调自己在拒绝这倒霉追求者的书信时的无力感,就好像她热衷得到人们的投降,仿佛投降就是她自己的战果。我对她强调说,也许,她的对话者目前看来无法停止给她写信。

"我从来没想到过这一点。也许就好像我的父亲,终究在与我见面时并不能信守他不喝酒的承诺,但这对于我来说是从来无法想象的。那么,是因为谁有恨意吗?"

下一次分析,她梦见了自己的暴力,但是奇怪的是,这次暴力的目标变成了母亲:"我们在叔父家度假,我母亲当着所有人的面问我是不是便秘。我回答她说,关你屁事(Je t'emmerde)!"①

这个地方实际上让她想起经历过的羞耻和愤怒。她曾经在假期为一对年轻夫妇看小孩,她跟这对夫妇建立了一种微妙的友谊,这打破了她所体验到的封闭的社会关系,因为对于她来说,一对当工人的父母和有一个酗酒的父亲常常混淆起来。她负责照看孩子的这一家的男主人一边闲聊一边开车送她回家。到家后,母亲在楼下出口迎接他们,并问这个男人:"先生,您对她满意吗?"布里吉特·勒鲁因为愤怒而变得脸色苍白,她母亲损坏了这段脆弱的关系,而这个关系是她为了自己与这些人建立起来的,这让她变成了像她母亲曾经那样的女佣。那时她也听出了转换成"鸨母"的母亲问话中的性意味。现在,同样的愤怒被激发,针对的是一个有点话唠的倒霉追求者。这个年轻女性的分析当下围绕着她的恨,从耻辱转

---

① 法语原文 Je t'emmerde 动词中含有 merde,意为"大便"。所以具有肛门施虐的意味。——译注

变而来的恨,在她的社会生活中被完全扭曲。根据她的表述,它赋予"特属于她的"外表,这样的外表有助于她的成就,但是阻碍她去接近任何人。

在所有这一切当中,什么是快乐,什么是快乐原则和性欲呢?这个例子没有像上一个个案那样为我们提供理解的便利,然而它确定了精神分析对个体人类身份的形成和他们人生中的失败有关系。对于这位病人来说,除了她在迷失自己时所体验到的激情,没有什么快乐是强烈的。她建构了一个高效而优雅的社会生活,但是却因自己消失的某部分而痛苦。在电影院的座位上,她才可以体会自己的恨与困难重重的激情。快乐作为一种原则,正如弗洛伊德所说,首先意味着在冲动分析的框架中被选中的所有东西,也就是被我们自己所组织起来的情绪,它们与用来感知的身体部位有关,这些部位体验着关于客体的快乐和不快,这些客体可能是另一个人的身体,也可能是抽象的:冲动的客体,可能是一个象征物,某个任务或者理想的象征。物质性的客体,总是在某个情势中才可能出现,它甚至能够以一种明显提前的方式在身体上唤起快乐和不快。精神分析从这个事实出发:在某些社会中,当个体谈论他们的痛苦而无法支撑也无法独自转换它们时,也就是说当他们向精神分析师寻求帮助时,他们确认了自己的快乐和不快,其中他们身上某个根本的东西是处于痛苦之中的,因此也是处于对自己的期待中的。他们谈论的这些指明了某些情况的走向,这些情况将他们与其他人联系在一起,不论如何,他们是在他人的生活中成长起来的。当弗洛伊德在1915年定义什么是冲动时,他注意到的第一个东西就是,它涉及的是一种恒常的能量(konstante Kraft)。他还说,不管怎样,冲动都在那里。它们建立起一个"主动的部分"(ein Stück Aktivität),不管这个人作为冲动的舞台还是冲动的主动代理——一般是这两者的微妙结合——时间流逝,人们却对这部分一无所知。弗洛伊德曾经把冲动比作我们不能避开的危险,因为我们身上就带着它。我们无法逃离,因为这种危险在我们内部根据它自己的表达方式而建构了我们。在精神分析历史中,冲动的概念是带来众多重要讨论的核心概念之一,我的理解是,不能直接给出这个概念,只能通过临床的方式来回答。布里吉特·勒鲁的个案和阿兰·布尔乔亚的个案不同,它给我们提供了机会:这个恒常的力量,总是在生活中活跃着,虽然她并不清楚它是由什么形成的,但是一种同时出现在梦中和无能之中的恨的经验。梦与令她耻辱的母亲的入侵有关,而这种无能则是出现在与男人的危险关系上,这些男人或许扰乱了她美好的孤独。正如我之前强调的那样,她在电影中的激情形成了其原则的另一侧面,思想的维度与快乐的身体维度并没有质的区别,虽然这些欲望是在不同的"国度"当中。被她自己所允许的唯一快乐是孤独的快乐,她自我认同于酷刑情境中被恐吓的孩子。而其他的快乐,与她的恨相关,即,要马上与被感受为无法承受的入侵物拉开距离的需要,它们不再被当作欲望体验之物,这些快乐对她见到的一切及其完整性产生的威胁有多大,她就有多想逃离并控制住这些快乐。

精神分析的赌注假设了,如果这个年轻女性确认了所有这些元素的话,是因为它们维持了相互的关系,这些元素才能成为可理智化的:在她快乐的孤独、时常感到的被侵犯威胁的感觉、所谓的肛门期的剧本,即用便秘和厌烦的主题与母亲交流的方式、被转移到无能男人身上的恨,与她明确和独特的生活原则之间,布里吉特·勒鲁带着永恒的力量把她的现实讨论冰封在一个不合时宜的存在中。无论如何,她的恨就在那里找到了其现实化的途径。这就是快乐原则临床的一面。

另一方面,正如我们所看到的,不快和快乐占据了同样的场地:我们思索着,在我们所梦想的且在生活中付诸行动的那些情景结构中,我们到底是谁。性欲,就是这些冲动的场域;就像阿兰·布尔乔亚的个案,它直接就是一个关于性的问题——他在工作和与女人的关系的共同领域中扮演自己,通过这样的说法来圈定范围:"当我把事情控制在手中的时候总会好起来";但明显地,当它不是性的问题时,就变成了我们的后一个例子。谈论性欲,就是确认布里吉特·勒鲁作为人的独特性,在这种恨中扮演的自己,只能在孤独的快乐和"属于她"的那一面,在其不可挑剔的职业活动中获得满足。我们经常认为,快乐原则反对现实原则。现实原则,就是在这样的情景中被刻画的:阿兰·布尔乔亚说,事实上他没有任何办法知道,他的女朋友对他不好是因为她受不了他是个男人,还是因为他自己以一种从未知暴力中抽取出来的方式被强加了欲望,并把它变成了不可接受的。现实原则不是一种对现实、对环境、对他人注意的自然敞开。它更多的是对一条直达道路的悬置,这条路把欲望当作现实的快乐;而悬置允许我们:在快乐中哪怕某种东西有一点点幻想的成分,我们就会有所怀疑。现实原则因此是快乐原则的内部修改,它产生于分析家在分析中成功地撬动了分析者不闻不识的位置;我们梦想着不遗余力地去占有最早的爱的对象,而分析家的活动强调了产生于我们存在之中的幻灭,它恳请我们部分地放弃欲望的全能。在我们的快乐领地中锻造出的幻觉和幻灭是微妙且具有决定性的经验:如果没有任何禁令将孩子从他的谋杀和幻觉性占有的欲望中拔出,他就会进入到不停重复的暴力当中。但是,形成中的欲望是对禁令的抵抗,这种抵抗方式部分来说是不可预料的,这也是形成中的主体的个人公式。根据斯宾诺莎的自由概念学说,并不是将自由与决定相对立,而是使自由变为创举,这项创举致力于从(心理)内部理解在决定的过程中得到确定的东西。我们可以说,对于精神分析来说,主体性的发现,就在于重获我们欲望的全能和限制它的东西之间的对峙界限。这个在我们快乐和不快内部的体验可能是以非常糟糕的方式发生的,但也可能没那么糟糕。形成我们称之为精神病和神经症的区别的东西,在本书中我们不会过多谈论这个之前引用过的术语,因为它们在分析过程中区分得有多么明确,它们就有同样多的僵化。

就本章中我提到的两个分析者而言,在他们欲望的全能感和限制这种欲望的东西之间,并没有产生灾难,但存在着严重冲突:在其行为欲望和被动存在的渴望之间,阿兰·布尔乔亚并没有成功创造出令人满意的妥协,他从一开始就想象着"这是……的错"。母亲,因为她太强势;父亲,因为他生病了;而兄弟们,他们从不知道给他留出位置。布尔乔亚不知,是兄弟们不知道还是他自己不知道如何找到一个彼此相处的位置。所有这些思考,被捕获在幻想中,它煽动了我们与过去人物关系中的欲望,它们是必要的。这些人的特点造就了我们将成为的局部,造就了我们与界限相遇的方式,界限修正了我们梦境的幻觉性实现。而这些思想就通过指责这些人而说出来。

布里吉特·勒鲁的经历更好地说明了禁令可能被过分严

厉地建立起来:这位女性从来都不可能想到,她父亲当初没有戒酒是因为他做不到。她活着,被一种关于父亲的近乎谵妄的斗争所占据,她恨他,因为她坚信他只会选择违反她的干预。按照这个感受劲敌存在的需要,她投身于非常高效地不断赢取新领地的职业生涯之中,通过战斗,面对那些常常是鲨鱼一样的竞争者。弗洛伊德命名为快乐原则的东西,就是我之前所说的几乎是谵妄性质的存在和思考的领域,也就是处于一种坚不可摧的确信中的某种东西,它认为快乐的客体和恨的客体都同样真实。原则上,我们期待的快乐原则与生产性的东西相关,即在这个幻觉模式下,人们相信困难的当下会出现他所追求的快乐客体。布里吉特·勒鲁的例子显示了同样的幻觉性或者谵妄性的领域,它结构化了我们与某些实在方面的关系,我们想要彻底将这些方面从我们的视野中除去,远离那些阻止我们去生活的建构与原则:这名年轻女性更偏爱幻想出一个她可以去恨的父亲,这样她可以去战斗,有了这个父亲,她就可以坚毅如铁。她无法直视这样的念头:没有敌人,她就什么都不能做。不管她父母的关系怎样,她都永远无法改变。如果她可以憎恨且谴责,在一种儿童的而后是成人欲望的全能中,她就占有了一种可以扮演的决定性角色。这样一来,就是她决定着全世界所有关系中的可靠性。同时,这仇恨,保护她远离对父亲最深沉颓废的羞耻,遮盖了她与自己的社会起源的冲突和粗暴拒绝母亲之间的冲突。用通常的术语说,我们谈论的是一个破坏性的超我。这个小姑娘通过恶化的现实原则的代理建构起来,条件是不再承认以受虐的方式让她哭泣的东西,也不再承认她对其他人实施严苛控制的需要。在一般意义上,好在由人们所爱之人给出了禁止,现实原则限制了快乐原则的全能性。但是一个禁止也可以加入到与快乐同样的过度中:为了不过多感受痛苦,我们自身就成了开脱型的禁止机构,通过歪曲其原有功能而超越了对现实原则的使用。它的源头是限制快乐的自发性幻想的力量。而这里,幻想的或者近乎谵妄的领域影响了产出不快的禁止。为了描述这种矛盾,弗洛伊德不仅谈论快乐原则和现实原则,也谈论原发过程,它可以在快乐或者不快的意义上启动,同时还谈论了继发过程,它要么在快乐的维度上,要么在不快的维度上,在幻想性的存在模式中缓和了这个封闭。原发过程和继发过程的术语描述了不同的思考和语法模式,它们由梦与症状在与夜晚生活相关的维度中展开。快乐原则和现实原则的表达描述了为了其现实化而与禁止相联系的冲动以及它的王国。然而同时,这两对表达也是有联系的。快乐原则启动了原发过程,而现实原则产生如下作用:原发模式中的必须即时满足的欲望被创造出的迂回的新思考模式所悬置和推迟。

  精神分析把我们的快乐和不快的这种存在模式称为性

欲,它结构化了我们与他人的关系,并由此结构化了我们与所谓现实的关系:在这个领域中,我们用身体思考,弗洛伊德称之为情欲的身体。用这句在梦中朝向母亲说出的"关你屁事",她自己好像穿透到母亲的内脏中,这就是结构化这个年轻女性的快乐和不快的例子之一。我们在阿兰·布尔乔亚吸粉时对女友和男性朋友的混淆中呈现出的"抓住一个女人就像做一个决定"和作为被动的享乐对象这两种交替的欲望中找到了同样的即时性、同样的匆忙。我们还可以说,当原发过程属于我们可以体验的追求时,快乐原则就是原发过程的即时性。相反,对原生状态的重复,即死冲动,有时搁浅在快乐产物的关系中,即它的幻觉特点中。在这种情况下,性欲作为快乐流通的组织,它们赋予了原初过程的过度某种形式,在建构过程中被停止了。正是这类型的例子适合在当下被展示,它们允许我们重回快乐原则之外,并区分出与它自身不一致的多种形式。

第三章
不同形式下自己与自己的分裂

某些治疗允许优先接近人类主体与自身的不一致,以及那些冰冻了生活的创伤。

克劳蒂娜·索兰(Claudine Seurrant)是一名女性,她在分析中艰难地讲述刚到巴黎时经历的悲剧:在她十多岁时,父亲失踪了。也许他被杀了,但人们从来没找到他的尸体,这使得他的死亡比寻常意义上的死更难以接受。这个家庭有七个男孩,两个女孩。大儿子是律师,其他人大多数生活比较困难。丈夫失踪之后,她的母亲偏向与女性们待在一起。

"我走了,他们都是疯子,"我的病人说。与此同时,她也很爱她的家庭,在兄弟姐妹关系恶化的时期,她承受着巨大的痛苦,她生活在自己思想的世界里,或者说,她停止思考和讲话。在治疗之初,她还说,与他人相处实在太困难了。接下来数月,她不再讲话。围绕着这个说话的意外困难(accroc),分析家发现缄默症把病人带回到祖父母一代的某些人表现出来的虚弱之中,关于主题的仅有的噩梦将她封闭在沉默中。缄默的数月过去,在转移中,除了将我带回自己的部分之外,我得到的线索还有她通过背部一些无法察觉的运动损坏了她坐的一把椅子的事实。她每次都十分规律地到来,目光空洞,长时间地绕着她套头衫上的线头。这一切我看在眼里,她损坏座椅的方式虽然难以察觉,但我仍然关注到其中的一个复杂作用:它包括背部的运动,使她进行一个类似晃动的周期性暴力运动,人们经常将其命名为刻板行为或者自我镇定的行为。

整个分析过程中,我病人的目光一直落在别处,不过有时候,当她能够接下我开始的话时,她的脸便重新舒展开,接触我的目光并展开我与她之间的谈话,这"再造"了一种在场。某些精神分析家建议,当话语不可能的时候,治疗中可以尝试别的表达方式。有一天我建议她画画。但在她满是嘲弄的眼神中,我明白她并不愿意画画,她对我这些"心理医生的玩意儿"嗤之以鼻。我同样理解了她朝我发起的挑战是多么严峻,她定期来我这儿,创造出一个痛苦的空间,而这种痛苦使她失去了言说的可能。因为她有可能要在此发动自己的痛苦,所以她暗暗自问,我会不会尊重她,会不会使用人工技术掩盖她的痛苦。她的生活已经停滞了十五年,而我跟她之间却不超过三句话。

在此期间,她还是能够时不时讲点话,但从不使用自由联想的方式,而是回答我的问题,用她的身体,在转移中她的身体也发动起来,因为她以不易觉察的方式轻轻晃动,还弄坏了椅子。她谈到腿部的一个伤口,它曾使她在青春期,也就是在父亲失踪之后,多次入院。"这对我有用,"某一天她婉转又简洁地说道。这句话与往常不同,她常常展开叙述,但又只说一半就戛然而止,包括生活困苦的兄弟们所说的话,以及与她母亲有关的事实与行为——她从未允许自己对这些事加以评论——或者还包括她在工作中无法忍受的冲突:她非常聪明,受过良好教育,但只在一些无需专业资格的岗位或者临时岗位上工作过,因为一旦有冲突的苗头,她就走人("跟人在一起真难")。她展开精神分析的前四年,说到底,都用来重复她生活中停滞的东西,她讲述的唯一一个梦是这样的:她站在一片沼泽前,一群蝌蚪在这片令人不快的水里游着。她做了这个梦,反复形容它是肮脏的。四年后的某一天,她站在门口,一言不发,在那里逡巡着。我说出了浮现在我脑海中的一句话:"您是否知道缪塞(Musset)的戏剧《需要一扇门,无论开着还是关着的》(*Il faut une porte soit ouverte ou fermée*)?"她走了,没有回来,我思索着在这次治疗中重复发生而无法改变的东西。

三年后,她重新给我打电话,想要再次开始分析:"还有太多事儿我没办法做。"但她告诉我,她念了夜校的课程,一边在某个实验室工作一边完成了化学工程师的学业。她的工作是很技术性的,她与他人的关系得以暂休,工作也因此得到维持。她回来,因为她重新开始做梦。另外,她自发地开口,对我说,这是迄今为止从来没有发生过的事,就在她停止做分析之前,她梦见一个小姑娘陪着自己去逛超市,这个小姑娘想要高高货架上的一板巧克力。这件事只有在梦中才有可能发生。虽然她一直时不时觉得自己身处他人的世界之外,他人的世界在她看来又是如此怪异,但是现在,多亏了化学师的专业技能,梦中的事才有可能成真,她才能成功与他人建立起友谊。尤其与女性建立友谊,但也不全是与女性。她与男人的关系总的来说都会很快变得短暂,在职业范围中,他们被分为区别明显的两类关系。有一些男人被她标注为厌恶型的,经常是她的上级,他们很少注意到她,或者会斥责她不合作的性格。但是,渐渐地,也有一些同事接受了她那有点与众不同的风格,通过一些信号展示出对她的尊重与友爱,这些信号从根本上意味着他们接受了她的某些奇特之处。她学会了在冲突出现时,不再通过离开一切来脱离社会场合,而是当她也许无法与冲突和解的时候,就用严肃的沉默来对待同事。

正是因为能够把缄默封闭在分析当中,以及通过躯体运动来反对所有环境客体(比如她所坐的那把椅子)所具有的暴力,她才能够报告这种在生活的一个彻底意外中遇见一切不可能时所使用的方式,对她来说这标志着进入人类和语言的世界,也正是因为我没有误解这种分裂,与她一起在分析中微笑以对,才允许了慢慢转化她的"奇怪",而"奇怪"就成了她的风格。她对上司的无声仇恨有时候会激发她自己作出暴力的回应,或者使她在心里嘲笑这些批评。因为,从根本上说,她通过沉溺于人性荒唐而缺席人类事物的方式,时常会招致他人的暴力回应。何以惊讶呢?比如,我们在分析中微笑,创伤便发出新芽,她现在可以将这些新芽视为她自己的某个部分。近来某日,一位女性朋友对她说:"幸好,你眼睛上没有长冲锋枪。"她欣然倾听与接受,而没有把一切夷为平地后扬长而去。

这个病人允许我们去理解某种存在,在这种存在中说出主体"我"是不可能的,因为可能会造成太大的伤害。她最好待在别处,离自己和世界远一点,而不去直面这个事实:因为所有东西都告诉她世界是假的,没有任何话语干预到死亡和性当中,没有任何话语提供了哪怕任何微小的改变立场的可能性,让人们能够像弗洛伊德的孙子尝试的那样。那个孩子借助一个线团,把它丢出去,让自己置于另一人的位置上,布置出一个不在场的局面,又使不在场变得可以表达,这并非总是可能。而接下来就可以求助于自身的不在场。

对于展现这名年轻女性与自身距离而言,前文所说的一切只不过是个序曲,然而,说出"我"的不可能性并没有阻碍她在自己那些矛盾行为中发现自己的风格。在分析的第二阶段,她开始在她的梦中,以不寻常于世界、不寻常于她本人的方式进行表达。比如,她梦见露营,这调动了那些关于幼年假期的具体记忆,但是梦境停留在不可超越的事实之上:两个本应面对面的帐篷却没有面对面地搭起来。帐篷的支杆不能衔接,不能对称地搭建在地面上。这一阶段的所有梦里,出现了如下情形:事物在空间中是反常的,要描述某个场景或者某个感觉时会觉得词汇缺失。但也出现过一些场景,一些情境。有种神秘的东西萦绕于一切场所,使得事情反常,荒谬笼罩一切。由于她对自己的陌生感,她也会梦见:她正在考试,一位很喜欢她的年轻同事从考场走了出去;有一道数学题要解决。她完全不解题意——其他人却能轻松解答,她甚至没办法问邻座要一个提示("我什么也不懂,以至于我只能反反复复地抄,我对那一切一无所知")。梦中的年轻同事并不是第一次被提及的,那是一个比她年轻许多的男人,事实上,他问过她无数连她也不确定什么才是正确答案的问题。这段关系迫使她处于女性的位置,不再自认为是在超市里想得到巧克力的小女孩的陪伴,而是回到一名有能力的女性的位置,一个年轻男人从她那里寻求建议与培训。过去这个情境可能会启动她的逃离,因为她无法像他那样看待自己。而现在,她可以留下来,像模像样地面对可能曾令她落荒而逃的一切。她在考场上遇见的陌生感唤起了别样的感觉:她刚刚完成了一项困难的工作,但她联系不上相关项目的主管。她没法给他发短信,电邮也用不了,"**全毁了**,我改动了实验程序,删除了某个东西,我想跟他说,却打不通他的电话。我给他发过邮件,开会时他却什么也不跟我说。我不懂,我不明白'他们'在这个实验室里有什么作用。我必须发第二封邮件,告诉他我必须换到另一个项目里"。倾听她的话语和梦里的"我完全不懂",我注意到了穿梭在句子之间并被反着说出来的东西:事实上,她可以换到另一个项目里,因为前不久她解决了某个令整个团队停滞数月的问题。但从她的说辞和她与同事的关系来看,她不可能把自己介绍为一名成功完成某个项目的人,更何况这个项目曾让整个团队的工作受困停滞。与其以肯定的语气说"我解决了这个棘手问题,我们曾经被这个问题困扰好几个月,现在我们可以着手新的事情了",反而,她的叙述突出的是,她删掉了实验程序中的某个步骤,而且没有收到任何关于如何继续的指示。我大笑起来:"您说出'我'的方式实在是太有趣了。"现在她有可能以自己的方式微笑着表述她的行动,虽然总透着点荒谬。另一方面,在转移的帮助下,她能够面对思想中的空白,之前这些空白常常让她无法对另一个人说话,而在分析家的倾听中带来不同的语言关系,因为她承受了这个非同一般的关系,因此她可以在某些活动尤其是职业活动之中,停留在人类中间。她也忽视了她自己的职业竞争力——甚至她从来没有确认过它们,毕竟使话语成为可能的,也正是使事情变糟的原因。但至少,这个成功的因素在她生命中支撑着她去面对与他人相处时的陌生感,并且少一点危险:"我与他们完全分隔开,对他们的生活一无所知。吃饭时,他们谈论着关于职业与家庭的规划。有时候,我对自己说,如果午餐时他们不来找我,那我也不吃饭了(他们共同工作的地点与最近的居民区很远,只能靠一辆公用的汽车载他们来往)。但如果他们来找我,我又无法融入他们的交流。"主体身份只能从一场与让它变得不可能的东西间的游戏中形成,这是一个既没有隐藏也不是假装的真理,在此之前,它令这名年轻女性不堪重负。然而,现在她能够让这个真理重新流动起来,让无处不在的荒诞变成幽默。我们已经远离了分析开始时创伤的梦,在那个梦中,尚未诞生的生物在肮脏的水域来来回回地漂浮着。然而,给克劳蒂娜·索兰童年定调的那些灾难丝毫没有被"弥补"。父亲留在她心里的形象仍然是一个疯狂而模糊的形象,于是,无法从母亲那里得到任何消息的那次失踪就固定在她心上的某个地方。她有两个疯癫的兄弟,他们的疾病时不时让家里来的消息变得沉重,不停地让她感到痛苦。然而围绕着这些灾难,她可以游戏:不再是绝对退缩时期那样,把自己封闭在使流逝时间变得不真实的某种孤僻的缄默以及那些刻板行为之中,而是做着那些她在分析过程中谈论的梦,在梦中她做着让自己消失的游戏,不是像弗洛伊德的小孙子那样消失在镜中,而是消失在活动成功之时。

在这个分析的过程中,我静静地思考着这种说出"我"的不可能性,它是这个病人的言辞与故事的标志,而她的生活方式是非同凡响的,带着她特有的奇异而有趣的风格。她不再被排除在话语之外,虽然她总是准备着说点什么,带着某种不可能性、某种不协调。她从不谈论冲突或者主体的分裂,看起来她不会像神经症的病人一样,防御某些出现在她脑海中且令她不快的观点。根据神经症病人的说法,他们通过脱离让自己困扰的、既被承认又被否认的一切而生活。根据德语Verneinung词条的翻译,被弗洛伊德称为否定或者否认的,是一个说话主体在治疗环境下,按照"非的"模式来表达自身的方式。一个主体说某事与其有关,一边却否定它与其相关。"您也许会认为……",他对分析家说,"但事实并非如此。"一个主体"我"在面对他者时产生,并将他所谈论和否认的东西归因于他者。这样的否认与创伤及其重复之间维持的关系,并不同于我在谈论我的病人的风格时称作意外困难的东西之间的关系。治疗之初,在治疗中断之前,她曾说"我忘了一切"。一切,不是这个、那个或者别的什么东西,而是记忆本身被冻结。现在,这个"一切"变得更加详细。它可能出现在一个梦的剧情中:"我对问题一无所知,甚至无法向邻座询问一个提示,然而我能确定题目非常简单。"这句话,是对梦境的陈述,是逃避行为的一种变形,而在不久之前,在这些情况下还以逃避行为而告终:所有的"他者"都让她觉得,她的所为所想与他们不一样。现在,这个不可能性变得可以描述,而正是这个被详细描述的不可能让她说了话。说话的可能性总是开始于这一点。若干年间,向另一个人说话是绝不可能的事实。我认为,这种绝不可能重复的是根深蒂固且扩散的朦胧不清,而这种模糊不清在她的家庭中统治着死亡和性。当她还是个孩子的时候,她尝试着向她的母亲问问题:现在她还保留着某个时期的记忆,那时,她每个夜晚都会唤醒母亲,因为她在夜里看见一条华丽的彩色的船朝着沙滩上的她驶来。但她在母亲那儿屡屡碰壁,最后以被关在自己房间里结束。问题并没有被禁止,甚至是说得太多了,然而,关于她所见的这场壮丽返航,她却说不出一句话。关于父亲失踪的思考一直悬而未决,疑虑没有被明确表达,这引发了她兄弟姐妹的谵妄,并把她留在了一个空洞当中,到了现在,她只有在描述世界的荒谬时,才能走出这个空洞。她还可以改变地点,来见一名分析家,但是在指出了她的故事中某些陈述事实的元素之后,她陷入了沉默,同时发起挑战,激发我说话。当我对她说话,常常出现的是,在我的声音中断之后,她长时间地一言不发。通过这种方式,对她而言,我被她转化为说话可能性的可笑见证者,而转移的场景表明,说话是近乎荒唐的。不过有时候,她又能"接上话头",谈论某个与我方才所说的类似的东西,并且不会远离事实。比如:"您有您兄弟阿芒的消息吗?我母亲打过电话了,他住院了。他在医院里占了弗朗索瓦的位置。"

阻止她运用语言的暴力是如此强大,以至于只有事实可以被说出,但每一次这些事实又使她闭嘴。

现在,相反地,她曾经在话语连续性方面的困难,现在可以以梦想的形式呈现。当然,她没有说"我",而是想象给予这个不可能性一个轮廓的一些情形,在这些情形中,她开始与他人建立联系。她允许自己进行这样一场"非自我"的创造,因此她有机会展开行动——她成功运作的实验程序。她无法明确地让人承认它,但是她可以在字里行间提及它的存在。

有一天,她做了一个梦,梦中她在工作上实现的一切,被隐秘地假定于她无法与实验室领导交流的叙述之中,面对我的大笑,她的回应是自发性地再次讲述关于她的另一件事情,那是第二次:"面对其他人的时候我总是这样,甚至很小的时候(她从不具体地谈论父亲的死亡,她总是说父亲离开之前或者之后)。我记得,有一天,我跟祖父在餐馆。他让我点菜。

我不知道怎么点,因为我不知道他希望我点什么菜。"我提醒她,这段记忆很有趣,因为它近乎平淡无奇——孩子在推测其他人希望自己想要什么的时候都难以保持平静——但也深深扎根在她的心里,因为她把说出自己想要什么的不可能性变成了与世界的绝对隔离。

就孩子的人性化教育的体验而言,需要应对疯癫的人被直接困在不可能之点,而这些点,就其他人而言不过仅在不经意间。

就像我在这本书里,一开始就通过重复,即通过弗洛伊德在20年代提出的重复的自动性与死亡冲动来介绍什么是精神分析,似乎令人好奇。然而,正是这样我们才能更好地抓住临床之关键。我们也能理解为什么精神分析——一方面,在一个世纪的实践之后,另一方面,面对着当代社会的尖锐问题——越来越多地谈论"边缘障碍"和上瘾的病理学。精神分析不能对家庭结构与性关系的改变视而不见,也不能对我们社会中被称为抑郁的状况不闻不问,我们的社会通过个体的行为表现界定了个体;也不能无视毒品上瘾、厌食症和狂食症——它们时常会回溯到上面好几代人的创伤。精神分析首先在神经症的症状中被提出,是根据某个体在遇见禁止时欲望被结构化的模式。通过谈论神经症,我们强调,童年欲望的全能与成人对这全能提出边界的方式,两者的相遇之间存在着一些失败者,而成人提出的边界,其考量与对乱伦和谋杀的禁止相关。

当下,也许在未来更甚,我们愈发愿意从创伤出发,从这个范例衍生的东西出发,直接汇集到每一个梦境的噩梦之点。

然而当我们有充分理由直接从重复的自动性与创伤间的交汇点出发的时候,我们就不会明白精神分析用何种方式去处理快乐,快乐又是如何被过度所极化的。的确,在某些人类的境遇中,要改变攻击我们并让我们痛苦的东西,这项任务是快乐的首要目标。正如弗洛伊德在《超越快乐原则》中所说的,精神器官面对着创伤,面对着将一切调整与日常妥协打破的考验,有时会调动所有资源去将某些表象联系起来,从而制止它自身的毁灭,不顾对快乐的追寻。有时候比快乐的目标更加迫切。然而,爱欲(Eros)也会把与创伤相关的危险转变为快乐的目标。我们知道,性与爱的相遇总是在我们自身及遇见他者的区域中发挥作用,这些相遇与我们的脆弱点是相适应的,而我们的脆弱点同样也是我们经历的资源。爱是一个空间,在这空间中,我们的脆弱点被某个他者激活,为自己构想出一片未来,在那片未来里,性享乐邻近创伤,并使之改头换面。那也是一场考验,让我们面对自己的界限,面对我们自身组织无序化的可能性,而组织的无序化再也无法刺激性欲。我刚刚提及的病人无法承受坠入爱河的风险:一段爱情的关系总是怂恿我们走向我们最不熟悉的点。当某一个他者"对我们产生影响"时,它便诞生了。然而,如果这个影响过于直接地与我们自己构建不当的领域相连接时,就有可能变得难以忍受。克劳蒂娜·索兰,当她可以体验到与一个男人面对面而产生的情感时,她说:这完全行不通,因为在我心里,一切都是想象的。这个男人所说的任何一个词都让她陷入某些感觉中,她无法将这些感觉体验为绝对威胁之外的东西。然而,她并没有就此陷入谵妄。她只是说:这改变了一切,这是不可能的。当对自身的不确定毫无遮掩的时候,在欲望中面对着另一个人,对于我们自身位置的不确定是难以忍受的。弗洛伊德曾说,爱情状态是正常人的精神病,对性对象的高估是一种堪比谵妄的创造。在我们身上,只有因为谵妄覆盖了我们身上不受控制的区域时,谵妄才会"发生"。但是,当一个主体的所有经历,以粉碎了自认为这个人或那个人的一切确定感的某些事件为标志时,那么实际上,要投入某段在原则上打碎了确定性与平衡状态的经历中,会变得非常危险。

在人类性欲与生命演化之间交织而成的生物学隐喻中,弗洛伊德同时讲述了几乎互相矛盾的两件事情。一方面,创伤在精神器官中产生的破坏引发了一场转化,它把快乐原则放在括号里,让它与我们通常称之为快乐的东西相互关联。在这第一段陈述中,外部有可能摧毁精神器官的内部组织。

但弗洛伊德同时又提出，人类生活唯一的一次更新来自性化的爱情，也就是出自与某个未知他者的相遇。于是精神器官让它自己服从于摧毁的内部力量。这时，外部更多地成为一种资源而非一个威胁。任何人类都无法控制的是相异性，毕竟是在对其说爱的他者那儿遇见了相异性。但是这种不受控制使生活能够被再创造，而不是将生活打垮。外在性有两种形式，破坏也存在着两种形式。其中一种是纯粹的摧毁，而另一种，组成了性化之爱，使存在变得不稳定，同时又将其重新创造。这一切都是通过快乐原则幻觉的媒介，这便是本书从开篇就围绕着的微妙之点。在某种意义上，性欲整体就是创伤性的。因为在这种意义上，一个未知的大他者隐含在不受我们控制的快乐形成中。但是存在着一些创伤，使得追求快乐的人不再冒险尝试性的创伤。相反在可能的时刻，性欲本身时常战胜创伤的危险，虽然创伤有把性欲丢开的能力。这就是为什么超越了性欲的死亡冲动，居然背负着冲动之名。

把布里吉特和克劳蒂娜两个案例加以对照是很有意思的。对于这两个女性而言，爱情生活都是过分危险的。对她们两个来说，自身与自身的分离使她们的生活结构化。但她们在这两点上又有明显的不同之处，比如在转移中，也就是在她们与分析家谈话的方式上。布里吉特话很多，东拉西扯出一堆长篇大论,在这些长篇大论中,她只希望能有什么始料未及的东西给她惊喜。她时不时会抛出一句"您在听我说的话吗?",但她完全听不懂这句话中包含的暴力。不过她也努力通过她的梦与我的干预来逃出她那些滔滔不绝的言说的禁闭。她自身与自身的分离在于如下事实:当她理智思考时,她感受不到任何情感,而当她感觉到情绪时,比如在电影院,她的情绪与思考没有半点联系。她思考的功能是为了让她体验不到任何情感,她感到痛苦,因为这一切进行得太过顺畅。但是,即便她的思考与感觉之间的联系并非为她而造,即使在这个意义上她与自己分割开来,她还是认为自己既属于这一边又处于另一边。在这场分离中,她对自己并不是完全陌生的。从她自身逃离她的,是一种模式,通过这种模式这个分离得以实现——在词的积极意义上——她既是分离的操作者又是分离的结果。换句话说,她不理解她掌握得很好的理性思考,同样还不断地假设:某个他者被缩减至静默无声。也就是说,她的自制滋养了恨,她的客体是那些可以被她缩减至她再也不爱的那些人。她带着那么多的恨,这些恨是她为了不让自己太痛苦而创造的,对爱的一切依赖都会阻碍她继续抱有这些恨,而恨是她唯一的坐标。爱对她而言就是地狱的同义词。因此,她与自己的感受割裂开来,除非是受虐而流出的眼泪,对她而言,它们是与她的生活无关的奴隶,或者除非在恨当中,恨会让她感到惊讶。她知道自己是暴力的,她能够在社会关系上很好地使用自己的暴力。她自觉地接受了它,暴力地说"我",即使这安排全部都令她不满。这很好地回应了弗洛伊德所说的 Verneinung[否认]:她一系列思考中的"精密"本身也被一种不为人知的恨滋养着。在转移中,这种刻意与冲动客体保持距离的现象完全通过以下事实显现出来:她的"重要职能""客观上"不允许她经常来见分析家。绝不增加不必要的分析。与之相反,这并没有妨碍她的亲切以及对分析规则一丝不苟的尊重。在这些似乎被外界的命令而不是被她所框定的界限之中,她只期待能够获得惊喜,而精神分析的过程允许她逐渐承认她的恨,比如在她让母亲"滚出去"(关你屁事)的梦中出现的恨意,使她的所想与所感产生了联系;或者更确切地说,她意识到为了让自己不再感到危险,她需要把弗洛伊德所说的理智与情感分开。从这个为她实行的分割出发,她开始对自己有所认识。

克劳蒂娜在应付自己冲动的时候是聪明的,她的理智有一种非常特别的功能。她与语言的关系非常独特,因为它集中于所有令人发指的痛苦上,它们总会出其不意地涌现出来。爱情并非她害怕置身其中的地狱,它让她面对一个事实,那就是当她听之任之的时候,她很快就会失足受挫,因为当她发现一切都变了而且"白天黑夜再也没有了分别"时,就会立刻变得暴躁易怒。也就是说在她身上,那些元素之间是没有冲突的,而这些元素之间的关系对她而言是晦涩难懂的;她自身被分割、歪曲,这一切完好地出现在一些梦中:比如我方才提到的梦,梦中面对面搭起了两个露营帐篷,与此同时,它们却不能被"面对面"放置。空间中的某个东西阻碍了这种关系。或者又比如在另一个梦里,她在一个湖里泡澡,突然之间水变冷了,变得不再适合泡澡,她再也回不去之前的那个场景。在这一系列梦中,特别引人注意的是,这些梦有可能变得多种多样,但是它们并没有变成其他东西,在她的世界的诸多面貌之间存在着一个不可弥补的中心缺陷,这些梦只成了这个缺陷成型、最终变成词语的过程。如果我们把这两个分析者的风格比作两种文学类型的话,布里吉特·勒鲁就好比保罗·瓦雷里(Paul Valéry),而克劳蒂娜·索兰则类似塞缪尔·贝克特(Samuel Beckett)。

话题回到克劳蒂娜身上:她的聪明才智并没有使她无视自己的感受,更多的是用来建立一些涉及无生命物质的实验程序。与这些物质一同工作,她不再需要过多地面对其他人,因为"与他人相处太困难"。她并不用语言对不可预测的关系报以微笑,她总是逃离某种情境的荒谬,离开她认为不可能经历的一切。克劳蒂娜被一种巨大的暴力所穿透,它有时候会突然出现在转移中,出现在对我某句话的答非所问中。在漫长的分析过程中,她的答非所问会突然让话语再次变得无法进行,不过这个暴力并没有形成恨。就好像她施加的暴力与她受到的暴力之间并没有明显区别,这就是我称之为"意外困难"的东西。

我们无法将自身与自身分裂的某种形式缩减为另外一种。也不能把一种形式当作另一种形式的欠缺。我们更应该去解读并尊重那些无论自身能否达到的结构背景。因为在这两个案例中,让分析者适应他(她)原本的模样,这一转变是可能的。

我们会注意到,发现和转变构成了对自身与自身的分裂形式的分析工作,而通过区分这些分裂的不同形式,我们被引导去谈论意义,因为人们说着话,也因为那些让分析者变得与众不同的,就是产生于他的快乐与不快,最终成为他的话语风格的东西。这些话语拥有某种意义,甚至是当它们荒谬怪诞时,也拥有某种意义。然而,通过话语、叙述、故事,起重要作用的,更多的是对与他人、与自身、与作为他人的自身之间关系的安排。无论我们的媒体文化怎么说,精神分析不是为了意义而关注意义,因为在这个空间中,是冲动进入到语言,精神分析关注的是冲动的轮廓以及人与自身关系的诸多形式。

第四章
他者,陌生人,亲密者

从我们已经给出的解释来看,我抗拒不了阅读下面这篇文本带来的快乐。在这篇文章中,弗洛伊德很早就能以一种既普遍又混乱的方式,把所有这些主题集中在一起。它有一段有趣的经历:在1950年之前,没人知道它的存在,因为弗洛伊德没有发表。甚至连他自己也把它忘了,没有好好利用它,因为弗洛伊德是在匆忙间写下了这篇文章,一部分是在火车上,另一部分是在他与他的柏林朋友威廉·弗里斯相遇后的兴奋中完成的。由于这篇文章是写给弗里斯的,他把文章寄给弗里斯,而且没有保留副本,后来,弗里斯去世后,人们在弗里斯的文件中重新找到了它。这篇文章的题目并非由弗洛伊德本人,而是由他的英文编辑拟定:《科学心理学大纲》,有时或被称为《神经学家适用的心理学》。毫无疑问,弗洛伊德相信,透过弗里斯,他是在对神经学家说话,至少是在对一些科学家说话,虽然他的解释性图示与神经学图示完全不相干。

岁月荏苒,精神分析的传播在这篇文章缺席的情况下行进了:无意识的概念、冲动的理论、连续发展的拓扑学被当作基础的切入面,因为这篇凝练的文章所包含的很多论点后来都以更精确的方式得到重述。然而也是由于《大纲》没有发行的缘故,精神分析在传播的同时也削弱了它本身的目标。尤其是,不同的拓扑学,即精神器官的空间表象,最终由精神分析得出了一个心理学化的版本。所谓不同精神地点之间的区分:无意识、意识和前意识,然后是在自我,超我和本我之间的区分,最后是生冲动和死冲动的区分,这些区分看似把精神分析变为一个对"精神"感兴趣的学科,却掩盖了它始终与快乐、不快和焦虑中的身体相关这一事实。诚然,身体,生物学上的身体,在作为有生命物质特性的生冲动和死冲动的区别中卷土重来,但我们却从来不能说,根据达尔文进化论的概念,我们称为无意识的东西如何能与人类的发育产生联系。

然而,只有在《大纲》出色的直觉中,人们才能比后来的某些作品更好地理解精神分析要涉猎的问题,我们可总结如下:

1. 快乐、不快和焦虑既涉及思想也涉及身体。在人类个体的形成上，通过交替性地谈论能量与复现表象，人们也讲述了同样的事情；

2. 快乐和不快的时间对它本身而言都是不合时宜的。没有哪一个当下是单纯的、对它自身的当下。这个新的时间的决定论，性欲的所在，就其自身来说是过度的，这让人们明白，任何冲动的客体也不是单纯的。所有客体都就具有符号性，被分割为多个相关但并不适合的碎片；

3. 思想与存在并非天然生就具有认识假定为实在的环境以及处理信息的功能。以下图示呈现了，幻觉与知觉的区别对于人类来说并非不言而喻的。必须明白这个区别是如何在冲动的不同命运中建立。人类的思想形成于"大他者本身"，一个既陌生又亲密的大他者（Am Nebenmensch lernt das Mensch su erkenen）；

4. 我们的存在和思想被所谓实在的东西汇集为朝向欲望的一点，它逃离了它们。

让我们想象以下虚构画面：无论是由某个神经纤维网络构成的装置，还是由某个表象间联系网络构成的装置，它们之间都没多大差别。这个装置的结构使它能够存储被网络的多

精神装置图式

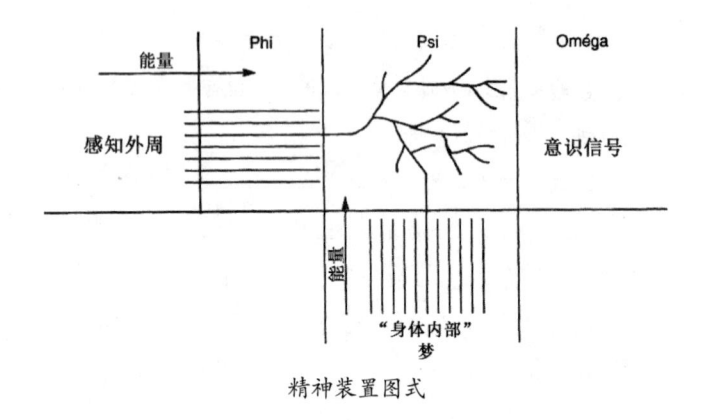

样纤维所分配的能量或者信息。反过来,这个装置的功能在于卸载堆积在网络中的能量。某些纤维能够无限地接收新能量,它们就是感知纤维。另一些纤维会被能量改变,这些能量穿透了它们并留下印记,这些便是记忆纤维。我们可以称卸载过程的感受为快乐,称这些纤维急剧或渐进的加载过程的感受为不快。如上图所示,这个产生或转换快乐/不快的"精神装置"中存在三个不同的区域或部分:Phi[感知外周]是与外界有接触的系统部分,Psi[精神系统]是能量流汇集的部分,它们来自内部和外部两个源头,此处也是联想网络即思想发展起来的地方。第三部分,omega[意识信号],与前两个系统的联系是不太直接的。我们可以说,它是敏感的,但不是对能量敏感——因为它们在抵达这个区域之前已经被过滤了,是对这些能量的周期敏感。Omega 就是意识,一旦它收到与抵达其他系统的能量的活动周期有关的信息,它就会以间歇性的方式发出信号。意识可以在对信息源未加区分的情况下启动,这些信息及其来源可能是内部的,也可能是外部的。因此,这个图示呈现的是一个幻觉装置,或者更确切地说,它呈现的是这样一个装置:对幻觉或者非幻觉的区分依赖于装置本身无法控制的因素:Psi 系统中的神经元或者思想网络是否被投注,即是否被某些用来过滤后来能量的能量所穿透。也正因如此,没有人能够决定这一过程。

这个能与量的公式的意义在于,为我们展示人们在临床中注意到的快乐和不快间的共同领域。而且,一上来就指出,快乐的矛盾如我们所见,是由某种过度的倾向支配的:根据这个图示,最大化的快乐也不可能持续地体验到快乐;它也许是系统的绝对卸载,不同于网络中某些能量的临时大量聚集,它将导致精神装置自身的中止。从一开始就很重要的是,在这个量的公式中,语言允许表达的关系比本身具有的量更重要:在快乐和不快之间,存在着量的语言所尊重的某种一致性,另一方面,调动了快乐的东西同样可能有消灭快乐的危险。

这些能量可能来自两个源头,一个可以称之为外界的源头,比如通过感知获得能量——我们在街上碰见某个期待已久的人,从而体会到快乐;另一个源头是内在的,比如当一个噩梦将我们惊醒时,又比如,当一个梦让我们感到快乐,或者更确切地说,这个梦一瞬间会让我们觉得有现实感。此外,更经常发生的是,这个装置融合了来自两个源头的装载物:我非常讨厌的一个男人反反复复给我发短信,这唤起的不快与我对自己的不快相同,它涉及我那没有兑现承诺的父亲,因此这种不快是来自"内部"的;最后,这个不快与另一个相同性质的不快相连,这次涉及我母亲的擅自侵入,但这个不快又连接着朝她吼出"关你屁事"时的快乐。

这种量的虚构的第三种好处是:它能够表达出,思想是一种冲动的命运。让我们再看看,实际上:在精神装置当中,快乐/不快的内部源泉与外部源泉并不是自动区分开来的。一般来说,我们会把我们的梦和源自外部的经验加以区分。我们称之为"外部"的东西是由一定数量的某种联想关系构成的,比如:与其他元素的同时性,因果关系,在记忆中经验相似性等等。相反,记忆和梦是由另外的方式联系起来,比如凝缩关系、移置关系等等。为了区分这些关系,能量装载网络或者表象网络,即 psi 系统,就应该活跃地发挥其功能。思想越活跃,也就是说在 psi 系统中就会有越多的联系建立起来,就会有越多汇集的能量被过滤、被筛选,结构本身被过多的能量即过多的快乐和不快摧毁的风险就越小,而这些过多的能量会突然从内部或者外部涌来。如果来自装置内部汇集过多的量不能被 psi 系统中流通的量所过滤,那么来自内部和外部的东西便不能被区分,此时 omega[意识信号]系统启动,精神装置自认为找到了它要寻找的东西,我们便有了一种幻觉性的满足感。另一方面,如果能量与某种别的力量汇集在一起,精神装置便再也不能将它们归类和过滤,精神装置就丧失了自己的功能。于是,有两种可思考的确定性可作为过度的:一方面,是快乐内部的过度,是幻觉客体满足了它;另一方面,是将这个装置的功能夺去给快乐本身的一种过度,类似于后来弗洛伊德称之为死冲动或者是创伤的东西。

我们刚刚看到量的语言的第二种优势,此处的量是相比较而言:如果相对于停留在装置中并在形成联想和思想工作也同时起到了过滤器作用的量,流向某一边的量过多的话,那么内部和外部就无法被区分。于是,装置就它体验到的快乐或不快产生了幻觉。现在要关注这点:相反的是,快乐/不快装置为了区分内部和外部,它会思考,也就是说,它本身会承受一定的负担,但如果全部负担下来的话就会变成不快。它由此得以筛除汇集的大量能量,并避免唤醒意外的意识,比如在梦中、在癔症的大爆发或者性行为当中,对于一个客体是否接受这种享乐宣泄的问题,它们绝对不闻不问。

思想,尤其他还具有虚构理念(ideelles)的性质,因此它在装置中具有经济学的功能,也就是说,它是快乐和不快过程的组成部分。因此思想并不像人们通常所认为的那样,独立于快乐和不快,而是能够改变后者制度的力量,因为它自己就是一种能量,能够微调汇集在中介系统即所谓的 psi 系统中的过度能量。所有用能量术语表达的东西都用于促成身体与思想的等价。老实说,弗洛伊德在这个问题上并没有像斯宾诺莎在《伦理学》中那样使用隐喻。这种等价性,应该将它提出来,用以考虑快乐和不快。也许,身体与思想的这种等价性从绝对性上看是毫无可能,亦或相反……我们对此一无所知。在精神分析里,我们思考某个具体的事物,它强制我们不去区分身体和思想,因为两者在某些症状和某些日常现象中,服从于快乐原则。

这个"精神装置"联系表象的能力,是思想,同样也是一份能量数据,也就是身体功能的一个方面,因为,联想思维投入得越多,它就越能够阻止从外部和内部汇集起来的不快能量。由此,精神装置就越有可能区分快乐或不快表象的内部起源和外部起源。这一点是决定性的。在精神分析的历史上,人们曾想在《大纲》的模型中看到被人发现的神经电学理论在同时代的应用。因此我们说,精神分析要么成为一门自然科学而失去它的初衷,要么必须放弃这种物理学的量化语言,因为这门语言对于谈论"精神"而言是不合时宜的渣滓,如果我们是经典弗洛伊德派的话,我们就谈论表象;或者如果我们将"精神"作为拉康所说的语言形式而考虑的话,我们就谈论能指。不过,在任一情况下,我们都会走向这个"精神装置"关于快乐和不快的量与能的公式能够考虑的一切:也就是说,我们的思想依赖于快乐与不快,就像我们的感觉和情绪一般。如果弗洛伊德总是说自己不是哲学家,从根本上是因为,他认为重要的并非是在总体上重新考虑身体与灵魂的关系,而更多的是去思考思想、想象以及认识,将之作为快乐和不快的一个方面。诚然,思想相对于快乐生活的独立性,其表象必须被解释,但是在这个图示框架中,作为我们希望的一种可能的命运被解释,我们希望找到这样那样的快乐,快乐就是去研究在我们的记忆中与之相关的表象。相对独立于快乐/不快领域的思想并不是一种显而易见的已知条件,它值得一种解释,来考虑一种以放弃直接体验而作为快乐的方式,因为思想的运行改变了使其运行的快乐渴求。弗洛伊德笔下的能量语言并非一种物理学或者生物学化的天真论调,也不是一门语言形成的简单写照。就像精神分析的临床所强制的那般,它是让快乐/不快领域与思想领域达成和谐的唯一办法。也是理解以下事实的唯一办法:因为思想被涉及快乐与不快的过程所滋养,所以思想绝不可能是对抗幻觉或者谵妄的保证。这个图示提出的问题乃是所有哲学家辨认不清的问题:并不是因为我们理性地思考,我们就不会谵妄;必须解释谵妄的思想与另一不谵妄思想之间的区别。没有什么能够确定地说:思想天生具有认识的使命。

我曾提出,弗洛伊德在他《大纲》的文本中,让能量公式等同于表象术语的公式。实际上,他一开始说的是,他想要解释的,是癔症症状的"过度紧张的表象"。通过大量集中的展示,他听说了在萨尔佩特利耶尔医院观察到的癔症发作和无器质性原因的四肢麻痹、抽动,以及由思考唤起的侵袭性的恐惧。然后他举了一个商店恐惧症的例子。它将为我们定义我们欲望的另一个方面:欲望对象暂时分散并符号化,这是性欲的特点。

艾玛(Emma)是一个无法独自逛商店的年轻女生。这个障碍的源头要回溯到她十三岁时,发生了一件事扰乱了她的生活。她走进一间商店,发现两个店员在哈哈大笑。她尤其还记得其中一个男店员,她很中意他。她出门匆匆忙忙,所以她认为两个店员在嘲笑她的穿着。从那以后,这个障碍就固着下来,使她无法进行任何购物活动。店员的笑和当她进入商店时的孤单让她想起了另外一个场景,一个比青春期更早的场景。她还是一个小女孩时,曾经去一个杂货店买糖果,那个商人,神色怪异地微笑着,手伸进她的衣服抚摸她。在停止吃糖果之前,她还返回那里几次,再后来,她就此对自己有一种模糊不清的指责。笑和衣服是这两个场景的共同细节。一旦要独自进入商店,她的omega[意识信号]系统便会错误地启动,这是因为她那时还没有能力将两个场景联系起来;从她还是个小女孩时就始终无解的问题正在于此:当我想要糖果的时候,他为什么要抚摸我,他想从我这里得到什么? 再后来,年轻女孩和女人的性欲望在身体里准备就位了,因为有个店员令她心悦,虽然在她看来,他并没有做出任何引诱的姿态,但从八年前就一直伺机而动的欲望淹没了她,她体会到令她疯狂的快乐,因为她不知道这是从何而来,十三岁的场景中没有任何东西能为其提供理由;而在二十岁时有可能成为快乐的东西(弗洛伊德没有确切说明她是在什么年纪来咨询的,不过肯定是在第三个时间),变成了独自进入商店时被泛化的焦虑。这是一个简单的例子,却使我们在表象的维度上领会到首先在能量维度中定义的东西。意识的幻觉信号与快乐相关,它侵入了快乐,并最终转化为焦虑,这正是量的过度,性快乐从中而生。过度在此处意味着,当艾玛被发生在她身上的事情所淹没时,快乐便启动了,因为一件小事会唤起另一件不同的小事,但她在那时并没有真正经历过这件事,因为她也许能切实感受到身体的快乐,但当她还是个小女孩的时候,这个糖果商想从她那里得到什么还不清楚。弗洛伊德将第一个场景称为"性欲的/前性欲的"场景。正如拉康说过的一句很有道理的话，我已在引言中引用过，无意识既不是"非实在"（irréel）也不是"去实在"（déréel），而是未实现，它会在某个时刻被实现，但不是它形成的时刻。这便是弗洛伊德在1895年命名的，源初的遗留记忆。如果对于精神分析而言，快乐/不快等同于性欲，那就意味着，在性欲的维度中——性欲在人类儿童的不同时期发展起来——不同经验可以一直存在着，因此也一直是错位的，当它们被一些基础特征所激发而突然到来的时候——此处说的是，对糖果的渴望、孤单、衣服、一个男人引诱的姿态等，而当我们向这个男人要糖果时，我们并不知晓他想从我们这里得到什么。快乐引起幻觉的特性在具体事件中表现为：青春期时，侵袭艾玛的快乐淹没了那个场景，当时并没有哪个店员与她接触，她心中却形成了这样的确信：他们在嘲笑她的衣服，这是因为来自别处的性快乐侵袭了她。

"来自别处的"，实际上，这个时间—空间的表达反映了客体的符号性质，该客体有激发享乐的能力。符号的性质（Symbolique），意为被切割成两部分。Sumballo，在希腊语中意为"我连接上"，而"符"（sumbalon）指的是分成两部分的客体，对每一个组成部分的占有使得两个受委托的个体能够在外交事务的场合中被承认，而外交事务中的利害关系对于身处其中的行动者而言并非完全明晰。当一个任务的两位外交官把"符"的两个局部拼合在一起时,就建立起一个将两者联系起来,同时尊重其差异的装置。当涉及两种形象或者两个表象的关系时,重要的是,由象征物建立起来的关系尊重附加条件的一致性。另外,通过衔接象征物的各个部分,掌握了各个部分的人物之间的衔接也被提及,而他们的身份则无需明确。引起艾玛快乐的客体包括以下因素:商店、男人、笑、要某个东西和本身就很复杂的"服装"元素。"他们嘲笑我的穿着",当快乐侵袭艾玛时,这份自发产生的具有谵妄性质的确信让艾玛回想起糖果商的动作,他透过衣服抚摸了她的身体,他的动作唤起当时某种如谜一般的感受。将快乐转换为焦虑的,是分析之前第一个场景难以理解的特征。"他们嘲笑我的衣服"取代了糖果商抚摸的记忆。取代,即是说替换了它或者将其象征化。当它产生了某种快乐效应的时候,两个象征物中的一个就变得不可理解了,弗洛伊德说,它被"压抑"了,同时明确指出,压抑是一个象征物的形成过程,该象征物的某个部分不能被自由支配。为了强调能量术语公式和表象术语公式之间的一致性,他提出,症状的形成与"能量运动的某种特殊模式相关,它就是象征物的形成过程"(daβ der hysterisher Zwang von einer eigentümlicher Art der Quantitätsbewegung herrührt)。他命名为压抑的东西,指的是对于象征物的某部分在事后才唤起其性快乐的主体来说,这个部分不是主体能支配的这个事实。

因为在50年代到80年代的法国,我们有理由试图用理性把精神分析同纯粹的生物学区分开来,人们阅读这些文本,并说精神分析是在表象、"精神的"或者欲望的能指上有所作为。但这是片面的,为了坚持精神分析的专有领域,我们不应该忽视的是:问题涉及的表象并非任意一种表象,它们涉及快乐、不快以及这种受其客体抑制而成为焦虑的快乐;要注意,这涉及性化的身体与思想之间的连接,它是人类相互区分并独特化的领域。相较于其他学科而言——认知心理学、哲学、生物学——由于过多地使用表象的术语,我们忽视了这一点。相反,如果我们从术语词源学的意义上,用象征物的术语来替代它,就不会有什么闪失。

虽然弗洛伊德没有保留《大纲》的文本手稿,但他从未改变过这个双重公式:精神装置的能量与表象的公式。当他在1915年定义了冲动,他继续通过成分对它进行描述,从科学史的角度看,这些成分归属于互不兼容的领域。除去冲动是一种恒常的力量这一已经指明的事实,冲动被定义为四个方面,前两个方面是推力和目的,后者就是卸载,其本身建构了一种快乐。量的重要性允许表达出过度在哪个方面建构了快乐,它又被确切地再次强调,是在弗洛伊德把这种过度与

1923年他称之为的死冲动相区分之前。冲动的第三种成分是源头，是身体的地点，经常是连接着与其他人类的功能关系的发端，在这种情况下，它变成记录了欲望所期待的大他者一切特征的场所。比起能量的功能，此处涉及的更多是性化的身体。正如前两种元素——推力和目的——被联系在一起，为了用量的语言引入过度的问题；后两种元素也被构想在他们维系的关系中：正是冲动瞄准了客体，源头才变成了性化区域。拉康在这一点上有一个非常有意思的表达：冲动的循环围绕客体而流转，他写道，从那儿回到身体之后，才把出发地变成性化的源头。如我们所见，一个客体总是呈现出合适的元素轮廓。客体让我们回到象征物，因为描述了象征物的，正是它可替代的特征。之前，压抑被描述为在两个不同情境下两个类似细节间的替代关系，特殊之处在于会有一个情境被遗忘；现在，替代可以涉及有关元素，而无需确切说明哪个部分无法自由支配。这是可能的：存在着客体的象征物与替代，而不一定存在压抑。这正是因为，根据弗洛伊德在《冲动及冲动的命运》当中的表达，在冲动命运的过程中，客体并非完全刚刚好，"经常没我们想要的那么好"。这意味着，根据同时存在于性欲领域中的自己与自己的错位，不存在一个真正符合冲动的客体，即便该客体具有使其满足的决定性功能。比如，我们已经从克劳蒂娜·索兰的治疗中看到，一个冲动客体建构的困难与死冲动的折磨相一致,而在某些情况下,死冲动无法被色情化,快乐的过度将主体过快地置于他自己尚未建构的领域里,也就是说,在这些领域中,大他者的形象还没有使快乐原则赖以生存的幻想形成。因此,客体从本质上是可替换的,这种说法并不等同于更换性伙伴就是解救苦难的灵丹这样的辩词。更多的是想提出,客体是重要的,虽然它从来都不能完全符合冲动的目标。它一上来就指出,在更换客体的范畴内,哀悼是必需的,因为放弃某些客体可能会非常困难。

一般来说,精神分析家在评论冲动的装配时会说,在治疗中,我们要做的只是在表象的维度上处理冲动的支持点,这完全是一个理智主义的立场。实际上,弗洛伊德明确说,压抑针对的是表象,但在同一篇文章他还说,冲动就像推力,它没有受到压抑,因为冲动始终存在,无法消除。冲动之中无法进入话语的部分,在转移与生活中被一再重复。与其去选择"精神"作为"无意识"本身的空间,不如说我们必须摆脱精神与躯体的二重性,才能对冲动有点理解,从而理解精神分析。因为,自1895年以来,症状在其建构过程中,就已经被确定为象征物,也就是说被确定为信号与语言维度的现实,它们的各个部分必须相互连接,这个结合不是天然或者完全相符的,象征物的术语首先取代了精神的术语:一个象征物始终具有一种物质性,同时它还进入到与其他元素相关的系统中,由此将它变成了一种文化形成过程。然而,确切地说,这便是冲动为了被清晰地构想而要求获得的:物质性,就是描绘了性化身体的快乐和不快。其象征性的一面包含了其客体在与相异性特征的关系中进行的替换所定义的命运,这些特征决定并强调了某种生活的轨迹。于是,相异性的特征创立又调整着存在与思想,人类与相异性特征之间构建了矛盾关系,冲动客体的可替换性就是这段关系的另一个名字——通过这段关系,在幻想中,它们的独特性建立起来。在前面我已经提过,通过象征物两个部分的结合,将其结合的人物就能够会合,无需明确他们的身份。因此,象征物的概念尤其适用于此处,因为在性欲的历史中,一个冲动的客体总是与某个人物相关,客体就是从这个人物中抽取出来的,或者说别人曾向他寻求这个客体,或者说此人似乎持有这个客体,于是他的身份就找到了。

《大纲》所说的"精神装置"并不是独立存在的。弗洛伊德式的快乐装置模型既不是生物学模型也不是物理学模型,更不是认知模型,它也假设它是一个与外界或者与环境有着直接关系的生物体。这个外界并没有被宣称为非存在性或者非实在的,精神分析不是一种理想主义,精神装置的感知外周确实存在,但这并不是这个图示想要澄清的目标:重要的是,如我们所见,意识与感知是分离的,它可以与快乐和不快的幻觉功能息息相关。这与如下事实一致：精神装置从一开始便是一段与他者相关的关系，与一个 Nebenmensch，即"旁边的人"（human-d'à-côté）相关。它被错误地翻译成"邻人"（le prochain），将弗洛伊德的提法错误地天主教化[①]。"邻人"，在德语中是 Nächste。因此，Nebenmensch 是不同的意思，它指的是：由于人类原生的依赖与悲伤，必须陪伴在孩子身边的一个人。一个孩子无法独自保证他的生存，当他出生时，他的身体没有发育完成，我们方才谈论的性欲在不同阶段的建构，是人类出生时特有的早产过程的一面。人类种群是早产的，回过头来说，正是与他人的关系支撑了一种存在，生物学的维度因而替换为象征的维度。在最初的照料中，大他者的特点为幼小人类标记了快乐的记号和身体的地点，它们是某种主体身份的最初元素：一个人类从此开始感到自己被呼唤着，说出了主体"我"（se sent appele à dire Je）。因此一个"主体我"怎么也不可能是唯我论，也就是说不可能是独立存在的人。实际上，从我们快乐和不快的早期经验开始，我们就被引导着说出"我"和"非我"，正是在与某个特别的大他者的关系上，他近在眼前又在掌控之外，既陌生又熟悉，既有所帮助又产生威胁。

---

① 拉康在法语圣经的使用中找到 le prochain 这个词，意为"邻人/同类"。参见第七个研讨班《精神分析的伦理学》。——译注

我们需要通过大写的方式来强调大他者,并指出是它的模糊性使我们无法掌控它。而且,要与具体确切的小他者相对,这种相异性的关系才得以建立。

大他者的这种模糊性形成了每一个人的独特性,它把我们置于自我与自我不匹配的中心,从本书的一开始我们就在描述这种不匹配,讲述了它在精神分析临床上的不同命运。快乐由过度构成,在精神装置中,过度是我们想在当下仓促抓住这个小他者的结果,在当下,快乐的经验发生,出其不意地将我们淹没(débordé):大他者就是超越其上的东西,它的在场有一部分是无法展示的,虽然,与"婴孩"(infans)①相关干预情景的描述是其身份的锻造者。我们通过对象征物与大他者的方方面面相联系,即某些行为和思想的后果在大他者中寻找回应,但在寻找中部分地失败了。经过历史的变迁,这个寻找本身也勾画出我们的独特性。

1895年,"旁边之人"在两类情境中被提及:一方面,它是一名专注的小他者的照料带给儿童的养育;另一方面,涉及成年人时,它被弗洛伊德命名为"性欲客体的接近性"。因为快乐是能量在"精神装置"中的卸载,无论儿童或者成人都无法独自卸载,于是大他者起到了决定性的作用。因此在能量模

---

① Infans 在拉丁语中意为"不说话的人"。——译注

型和相异性的问题之间不存在矛盾。正是小他者提供了客体,这样一来,客体就是再天然不过的:在儿童性欲中,提供快乐的小他者从一开始就显得高出生物需求,因为它使平息成为可能,并且必要地阐释孩子的表现(哭喊、微笑,等等)。在成人性欲中,快乐与器官需求互相分离,对 Nebenmensch 的依赖也是如此令人吃惊:性客体仿佛是从大他者那儿提取出来的。

因此,大他者不是非实在的,它是在场的,但是模糊不清。童年的悲伤,在对生物需求的依赖中发动了性欲,甚至在成人之后,它也给予大他者一个双重的面貌:那就是弗洛伊德所说的,帮助的力量(helfende Macht),以及陌生的帮助(fremde Hilfe)。大他者实际上是令人生畏的,因为一方面,当他平息了一种需要时,他总是会同时带来别的东西,他出现的痕迹记录在精神装置中,后来可能会"从内部"进行投注,冒着一切引起幻觉的危险,而我们已经从图示中理解这种危险的机制。另一方面,大他者独立于需要和欲望之间的交叉对换,他提供快乐,也有可能从来没有提供快乐,况且当他理解快乐的要求时,他根本不知道他到底满足了什么。它也不知道,在干预的情况下,他会在精神装置里释放怎样的痛苦。快乐/不快以需求为支撑,是童年的特征,它展现了自身和大他者之间误解的一方面,因为误解始终源于人们带给他人的快乐/不快,没有任何东西能够控制它。

实际上,弗洛伊德将精神装置与大他者的在场紧密联系在一起:在快乐的维度上,大他者满足了需求的平息时,它的某些特征被记录下来。这些满足的记忆形象创造出一种持续不断的呼唤,它为一切关注实在的活动指明了方向。不存在中立于寻找快乐和规避不快的感知。甚至也不存在中立的知识或者理论。我们称之为理论价值的东西就是对现实元素的关注,我们正在寻找这些元素与我们想要寻回之物的关系。当我们的思想是联想性和想象性的,它就让我们记忆中承载着快乐的部分产生回音。当我们的思想"仅仅是感知性的"或者理性的,这意味着,我们研究的是那些可能将我们与我们想要寻回之物分隔开来的链环。然而,我们试图感觉和认识的这些客体,都是从陌生但有所帮助的大他者那儿抽取出来的,大他者将我们的欲望集中在一点,并且在我们身上留下他在场的痕迹。没什么比这句话更能清楚地阐释这一点:"正是从这位旁边之人开始,人类学会了认识(Am Nebenmensch lernt der Mensch zu erkennen)。"我们说,思想,不论它是诗性的还是理性的,都由快乐和不快的过程支撑,在大他者身上,我们与世界和自己的关系从未停止运行,它们是言说同一种东西的两种方式。正是对大他者痕迹的寻找,从细节上支持着我们对世界的关注。

弗洛伊德三次确定了在大他者和精神装置的运行之间的紧密联系。每一次,他的文本都会用具体而简练的句子强调一番。

第一次强调了将相异性植根于人类身上的童年忧伤的重要性:生理学始终象征着与大他者的关系。"人类最初的无能为力由此成为精神上一切动机的源头。"

第二次,被感知的客体与我们想要寻回的大他者客体之间的相似性与差异性,在快乐/不快装置上产生的效应不同。思考,就是要制造我们寻找的客体记忆与对存在于那儿的事物的关注之间的差异。享乐,则是被引领着找回我们寻找的一切,第一次的身份。相反,"思考,就是将性的享乐悬置起来"。

第三次,判断之中的联想思想与理性思想并非以同样的方式去对待欲望的大他者。判断的思想(弗洛伊德曾经旁听过哲学家布伦塔诺[Franz Brentano]关于判断的课程)更加直接地面对大他者的晦暗面:"我们命名为物的东西,是逃出大他者判定之外的残余。"

第一点和记忆的观点不可分离:确切地说,欲望会存在——欲望用弗洛伊德的话说:冲动的推力或者愿望(Drang

oder Wunsch)——并在大他者的帮助中获得的满足,只有在需求殆尽之后,也就是在有助益的大他者远离之后,被重新投入时,欲望才会存在。需求就处在生理的失调与平复的对立之间。但欲望一上来就要面对大他者的在场,它带来超出需要之外的意想不到的快乐和不在场之间的对立,后者启动了对重逢的希望。

第二点,与初次满足时的客体重逢的希望,只有在大他者缺席的时候,才会与需要分离,它指引着某个思想,它把时间消耗在将此在之物与寻找的客体,或者与我们尤其不想寻回的客体进行比较上。正是在 psi 系统思想的工作中,联结的多元性具有决定作用,因为它能过滤掉那些可能以引起幻觉的方式启动快乐的能量。当在场的客体类似于留下痕迹的客体时,引起客体幻觉的风险就会变大。只需来自感知的能量强化出自苏醒的回忆的能量,大他者客体的在场信号就会错误地启动。相似是危险的,因为它可能会在结束现实与起筛子功能的回忆之间进行比较。然而,虽然相似性占统治地位,如果寻回客体的渴望不是很强烈的话,思想仍然能够引入一个安全沟来阻止"结束思考工作的"幻觉性享乐的启动:由重逢的希望支撑的装置,可能会坚持某种与初次感知保持一致的中介性的快乐,但不会牺牲享乐而熄灭思想。有时候,思想受到原初过程的干扰而消失在享乐中,但它有时候也会把快乐限制在一个表象上。在那里,我们还需要处理一个从根本上模糊不清的功能:不仅大他者是模棱两可、因其助益性而具有威胁性的,思想也是如此;思想由重逢的希望支撑着,重逢让对期望客体的寻找变得徒劳无功,有时候,对一致性的感知终结了对客体的寻找,但同时又在它自身建立起继续寻找客体的可能性,甚至当在场的客体与要寻找的客体类似的时候也是如此。所谓继发性的过程,是延迟享乐的一切迂回的总和。这些迂回是如此有效,为主体创造出一个如此自由的氛围,以至于思想将差异性更多地投注于它期待找到的客体和在现实中找到的客体之间。存在着一种特殊的快乐(沿着感知通路过程而产生的小小卸载),在这些差异的创造过程中被体验到。现实对于我们来说是有趣的,因为我们在现实中寻找大他者的痕迹,也因为我们在细节中承认了现实和欲望客体之间的不同。宝贝儿你在这儿吗,你不在这儿吗?这两个方面让我们快乐。思想的模糊性,坚持投注现实,为了在现实中准备好在发现快乐时享乐的条件,建造通往不同于重逢的另一个尽头的道路,正是后来弗洛伊德称之为"现实原则"的东西,我们已经说过,它是快乐原则的内部调整。如果弗洛伊德把这项不同的原则称为"现实原则",也许是因为它使我们能够与造就现实之物建立一段非谵妄的关系,而且也因为在现实的检验中,对欲望全能的放弃经受了考验。弗洛伊德没有发表《大纲》，但他多次谈论了它的中心主题。比如，在1925年关于"否认"的文章中，他再次谈到，思想的资源，就是重新展示人们想要寻回的不在场客体的能力，因此表象一方面是对与客体重逢的担保，又是让"曾经带来满足的客体"消失的能力。这种思想的概念，由快乐/不快的过程支撑着，也提供了改变这些过程的可能性，令人感到它是抽象的。它还在最贴近临床的条件中描述道：转移，是一直由欲望支撑的思想，以同样的理由，转移能够引起欲望国度的改变，或者像弗洛伊德所言，引起冲动和愿望的改变。

最后是第三点，如果所有的思想都想重新找到一个客体并学会离开它，那正是判定即逻辑思想的情况。实际上，逻辑思想不只研究欲望物和感知物之间的差异，而且它本身就形成了一种不调和，在我们从大他者中同化的部分与出自大他者但对我们而言依旧陌生的部分之间的不调和，我们同化大他者，是因为我们能够模仿他，与之吻合，并且将他变成属于我们的东西。弗洛伊德在此为一个意为判断的德语术语加注。Urteil 表达的是"原初分离"。在一个判断中，主语和谓语的逻辑性区分（S 是 P,Q,R）不仅仅是一种关系。从快乐/不快所支撑的思想活动的角度上看，判断是一个在我们可同化和不可同化的大他者之间的分离活动，对于前者，我们试图让它像为我们带来快乐的第一次那般呈现出来，而后者，是晦涩的,并且构成了性欲的大他者中永恒的陌生与威胁感。所有这一切意味着,在了解现实的时候,我们也一直在做着别的事情,我们也在寻找我们幻想中的大他者。现实对于人类而言,在我们灌注给它的意义中,从来都不是孤立存在的。

在判断中,在改变作为恒常中心的逻辑主语的同时,谓语也发生着改变。弗洛伊德假设的果敢,是把主语和谓语之间的区分同精神装置相连,造就了恒常的中心极,我们将之看作实在本身,认为它与极化我们欲望的大他者不可控的一面相关。哲学家在他们称之为物质恒常的东西身上看到了实在本身,在认识的精神分析理论中,它是不可同化的。恒常始终抵抗着我们的一切接近。我在这里使用大写的实在(Réel),它是拉康所用的术语,与现实相区分。现实是我们可以控制的东西,通过改变判断的谓语来进行控制,而这些谓语使我们习惯了旁边人的某些特征,因为旁边人组成了我们。与之相反,大写的实在,就是逃脱了我们的控制,一直回到同一个的地方的东西。与此同时,在认识方面,弗洛伊德说了与拉康不一样的东西:对于拉康而言,认识现实,就是试图自我安慰,并成功构想出一个完整持续的现实形象。在弗洛伊德看来,认识在假设完整的幻觉中故步自封的危险是不存在的,因为认识的欲望必然会瞄准大他者的晦涩不明之处。大他者的大写实在,不是可认识的稳定性,而是在现实中逃离我们的稳定性,但我们还是要依附于它。换句话说,并不是要将认识变成比其他一切思想形式更具幻觉性的工程。而是要承认,逻辑与理性的思想比起另外一种想象性的或诗意的思想,更为直接地站在了大他者的对立面,而我们的欲望是相对于大他者建立起来的。

一个世纪以来,我们并没有使用弗洛伊德在这些文章中确认的方式。诚然,拉康大量谈论了大他者不为人知的晦暗面,围绕着它欲望完成了其结构化。然而他把大他者的晦暗面与认识的问题分开,他用大写的物(Chose)来命名大他者的晦暗面,而他把认识的问题交给命名为"想象"的东西,也就是说交给了对世界的完整性的追求,后者是我们自身形象完整性的保障。弗洛伊德认为,不需要把物大写,因为在德语中所有的一般名词,词首都要大写。但也因为他没有把对实在的认识与欲望区分开,所以对他来说,认识就联系着欲望的实在,而不仅仅是想象。物(Das Ding),是本身带着判断的任何物。认识的目的是认识物,但所谓的"物"的本质包裹着一个不可认识的内核,因为没有思想能够在追寻快乐与规避不快的过程中毫发无损,而这个冲动的关键在思想,尤其是逻辑思想的操作中是可以标记的。

我们还可以指出,弗洛伊德所说的东西与列维纳斯的思想是有区别的:后者让大他者的哲学与认识的哲学相对立。从古希腊以来的哲学思想认为,对存在与世界的认识,不利于理解对于人来说意味着相异性的东西。当我们思考相异性时,哲学就成了一种伦理学,并且引出了忽略相异性的本体论与存在科学的局限。但是,要好好读懂弗洛伊德,就不要用相异性的思想去反对关于世界的认识,因为如他所言,正是从"这个旁人"开始,人才学会认识。此外,正如我们在前一章所看到的,大他者在弗洛伊德和列维纳斯的笔下一定会有不同的词义。列维纳斯认为,所有相异性的经验都以大他者整体的矛盾性在场为前景,而大他者最终回到圣经中的上帝以及上帝与其子民联盟的理论。然而弗洛伊德认为,大他者,就是旁边的这个人。他近在咫尺又遥不可及,但是他对于我们的存在与思想起到决定性作用,这一特征连接着一些细节,通过这些细节,大他者造就了我们的快乐和不快。相异性在精神分析中并没有建立一种伦理学,而是建立了一种既陌生又熟悉的实践和科学。

第五章
性 的 区 分

"相异性"这一术语,并非试图在精神分析中开一个关于他人伦理标准的人性的出口,而是涉及我们每一个人在离开享乐目标的全能感时建立自身独特性的方式。我们不得不谈及谵妄中我们称之为快乐的部分。与此同时,大他者通过自发地远离我们安之于内的场所像小他者一样显现出来。在此名义下,这个大他者既陌生又熟悉,因为它在抵抗我们。它让我们在我们的陌生性中与自己建立起联系,也就是说,与自身的相异性这一问题涵盖了我们平常所说的无意识。

一个世纪以来,我们大量谈论无意识术语的得体性。质疑其价值的人认为,这些术语当中有一种矛盾性。如果我们用程序——使主体得以回应他所思考之物的清晰且有区分度的程序——来定义思想的话,那么无意识思想的观点无疑是荒谬的。有些哲学家阅读了弗洛伊德的作品后指出,我们可以将"无意识"设想为一个形容词或者副词——在毫无感知的状况下做了或者说了某事——而不将其作为名词,除非能想象一个产生语误、梦与过失行为等的实在地点。也有人主张,如果不将这个假想的地点转化为实物,而是设想它与语言相关,将它区分为不同的维度,比如陈述、陈述内容、地点和参照系,那么就可以不用玄幻的方式来理解无意识这一术语:言说,其实本质上就是通过我们所用术语的多义性以及句法的复杂性来逃离我们控制的东西;句法的复杂性能够结下比我们有意识的目标更微妙的关系。然而,即便精神分析家严格地认为无意识与语言相关,而不是与物体相关,但有时候也承认这是一个定义不明的术语。比如,拉康在不久之前,借由德语和法语的发音关系创造了一个新词 une-bevue[一个差错],用以代替 inconscient[无意识]。这个词语既让人想起德语的 Unbewust[无意识],也包含了对我们行为和思想细节的暗示,而这些细节,在生活、话语和活动的日常运转中给人留下的印象就像差错一般,它们意味着这些日常运转是某个复杂程序的结果。

还是在这一点上,在一个世纪的精神分析实践和认识论的激烈讨论之后,人们应当能够明晰其所涉对象:转移性重复的事实,如前文所述,只有在如下假设中才会变得显而易见:人类主体被隔离在他自己的某些方面之外,而这些对他而言异常重要,因为是它们确定了他生活中的不少抉择。精神分析的假设甚至认为,这些方面越为重要,他就越控制不了自己身上的这些方面,也越发不了解它们。我们本身就存在一些陌生地带,它们建构了我们,在我们所欲和我们所做所言的关系之间显现出来。

我们自身的这种陌生性在什么时候与性关系关联起来呢?我试图确切回应的正是这个问题。因为从我们思考之初,这在作为例子的治疗中就是显而易见却又极难澄清的问题。

精神分析,凭借转移的实验性设置及其相关的理论,从如下观点出发:使人类存在显得独特的是他们冲动的命运,也就是他们快乐、不快和焦虑的经历,将他们与相异性的形象联系起来,这些形象有一部分可以在获得满足的经历中被认知、被融合,而在这段经历中,某个他者拥有主体所寻找的某个特征或者客体;这些形象也有不可知的另一部分。但这个不可认知的部分并不是无边无际的。让我们认同某种兴趣、某个特征、某种思想、某种活动的东西,简言之,就是让我们感觉到"我们自身"的东西,与我们寻找的大他者形象有所关联。如果我们去研究这些形象,就会发现大他者的形象掌控着使我们获得满足、让我们感觉到自身的一切,它们围绕着某一个不可知的极点。弗洛伊德一开始在1895年将这个不可知的一极命名为Nebenmensch，"旁边的人"，很久之后，他又将其称为Unheimlich，即"陌生的熟悉"。

在一次治疗中，精神分析师站在了这位亲密又陌生的他者位置上——因为他的分析对象看不见他，也对他一无所知，即使之前为了缓解生活的不快曾与他交谈过——这种亲密又陌生的关系，是相对于我们印象中表现出烦恼、快乐与不快的一切而言的。弗洛伊德在1895年写道：一个精神器官制造了流通——神经元的传导或者是表象的流通，"神经元"与"表象"的区分在此处不重要——由于其结构以及复杂的分支，这个精神器官能够储存能量或者信息。这个器官的功能是卸载，能量被卸载的时刻便是快乐的时刻。对这个"能量的观点"以及装置模型的兴趣，在于不甚清晰地探究人类与外界现实的关系。由于它的构造，这个装置会带有对其渴望找回之物产生幻觉的危险。一方面，由于大他者的存在，从自身到世界并没有直接的关系；另一方面，对于这个精神装置而言，自身与大他者的区别也并非"自然"建立的。

然而这个装置并不是一个产生能量或信息的机器，因为一个小婴儿，在他最早的有关满足和欲望的经验中，就已经与其他人相互关联，这些人的特征——正是要去重新找回的东西，它们标志着孩子以及后来的成人所涉及的一切思想和行动。

在我们方才阅读的《科学心理学大纲》中,弗洛伊德明确解释了这个"旁边的人"——其特征在被记录于记忆中时,就构建了小婴儿的欲望——他的重要性,与大他者的助益和威胁是相关的,大他者的助益来源于他的威胁:欲望的另一个建构者,既是那个可以带来满足或者拒绝满足的人,所以在我们心里最为亲近的人,同时也依赖着某种陌生的力量。(弗洛伊德使用的德语术语是:helfende Macht 和 fremde Hilfe,意为"有助益的力量"和"陌生的帮助"。)弗洛伊德的观点就是:一个人的性别认知,就发生的场所而言,与这个亲密而陌生的大他者也保有助益或威胁的关系。尤其,这个陌生的内核对应着被弗洛伊德命名为"物"的东西,物的周围围绕着各种各样的欲望。拉康重提这些断言,并配之以术语"实在"。当弗洛伊德写道,那些物是我们关于大他者的思考的残余——这个大他者的部分逃离了我们的判断,当与大他者相似的特征构成了相同判断的前提时,拉康就谈论了大他者。欲望的实在,就是一直回到同一位置的东西,它在主体的控制之外,所有认同的特征围绕着它,这些特征使它获得了定义,却又与它擦肩而过。这一点,对应着与大他者不相容却拥有决定性的一切。

我思考的下一个阶段,旨在讲解这种建构的相异性与男女关系的联系是如何具体建立起来的。与某个不完全陌生的他者的关系是如何展现为性别区分的问题呢？或者说，性认同是如何以一个关于自我的问题的方式形成的呢？而且这个问题是我们向作为他者的我们想象出来的他者提出的。在精神分析方面，性化和相异性在哪一点上成了同一个问题？

这里有两个问题是交叉的：我们自问，一方面，大他者是否就是我们想象或认识的那样；另一方面，只形成于我们与我们在幻想中寻找的这位大他者之间的关系的一种认同是什么。

首先要确定的是，应该通过性的区分理解什么：在精神分析中，问题不在于给出关于女性或者男性的定义。精神分析与其他学科持有相同的观点：本身就以非常复杂的方式被确定的生物学性别，是一个必要条件，但还不足以让一个人类个体认为和感觉自己是男人或者女人。但为了思考性欲的问题，我们不能仅仅满足于把男人和女人角色的生物学数据和社会学数据进行对比。在这个问题上，性欲不是性别。为了更清楚地区分它们，最简单的方式当然是重提这个 Nebenmensch[旁边的人]，在它的影响之下形成了我们的独特性，Nebenmensch 既是实在的也是想象的：有助益又有威胁的大他者所具有的特点，为我们描画了我们在对快乐的寻求和对不快的驱赶中所要寻找之物的轮廓。正是通过寻找和避开大他者的这些特点，我们确定了我们就是"我们自己"。感受到自己是"男人"或"女人"的时刻是一个冒险的时刻，它把认同与某种关系联系起来，与既是实在的又是想象的关系联系起来。弗洛伊德在1895年举过一个关于幼儿性欲的例子，其中非常清楚地解释了上面这一点。他说，一个婴儿用感知母亲身体的视角去理解母亲，比如她的肩和她一边的乳房，会唤起他的某种感知，这种感知的某些特征既有所不同又有些相似。这种感知本身曾经是一种对快乐的体验，关于快乐的回忆，他一直铭记于心。给了他成为自己的感觉的，便是通过变换他自己与母亲身体的相应位置，去重新找到那个他"第一次"感觉到的、记录在心的乳房。我们看到，这个重新寻回能够达到某种完全的快乐，这份快乐完成于弗洛伊德所命名的卸载，完成于身体的运动；快乐也可能中途停止，因为主体在他的感知过程中重新找到第一次对母亲身体的感觉。通过复现表象，他体验到一种局部的快乐。然而在这两种情况下，对他而言是实在的并且形成了他身份内核的东西，就是大他者的这些特征。感知，从冲动的角度看，并不比认识的其他活动更加中性。感知，就是在自己身上模仿大他者的所有特征。然而大他者的这些特征，"真的"来自大他者吗？或者严格说来，对于涉及的婴儿及其未来而言，这些特征是否与它们在婴儿身上产生的效应一致呢？这个问题看似抽象，并会让我们思考斯宾诺莎关于情感的理论。这个问题并不是空穴来风：当我们倾听病人的时候，我们对病人的他者们的现实状况一无所知，这些他者对于来我们这里谈论他们的人来说是重要的。重要的是他们对我们所说的内容，也标记了他者的特征。这并不是绝对地说大他者是一种虚构的形成，而是大他者的这些特征作为一种关系，主体认同了它们，因为他想要重新找到这些特征并让它们变成自己的特征。奇怪的是，精神分析中的相异性，既是实在的又是想象的。或者更确切地说，我们可以说，与我们有关系的亲密又陌生的大他者，通常会使我们无法区分感知的与想象中的东西：婴儿感知到很多东西，然而从其欲望形成的角度看，他从周围或周围小他者的身体中感受到的一切，受到了他想要重新找到或逃离的某种价值的影响。而这种价值将幻觉意义上的想象特征赋予了他所感知的东西。并不是因为某个东西存在于现实中，这个东西对于快乐和不快的主体来说就不具有幻觉的价值。大他者，是通过我们欲望感知到的东西的殖民，原则上这种殖民可以达到幻觉的程度。不仅在《大纲》里面，还有在《释梦》里面，弗洛伊德一直说，在快乐中存在着一个幻觉的维度。诚然，当这个维度完成于一个出现在现实中，并为我们的享乐做好准备的客体缺席的时候，以及当这个维度被忽略而形成灾难的时候，也就是说某种快乐消耗殆尽并徒劳地令我们筋疲力尽时，这个维度是不同的。尽管如此,从我们称为经济学的角度看,快乐总有着幻觉的成分。性生活与这个悖论共存:在性高潮中,小他者是否就是我们快乐的机会,或者说小他者是否就是按照我们所希望的那样给予我们快乐的那个人?性欲的大他者一直都既是实在的又是想象的,这种说法参照了以下事实:一方面,并非任何小他者都可以激发我们身上对享受的期待和享乐,因此实际上他掌握着他自己对我们而言为什么重要的理由。另一方面,这个小他者的某些特征具有决定性作用,他既在我们身上激起了快乐的效应,又让我们确认了我们自己的效应,这种效应本身就具有这种本身是幻觉性的过度的维度。因此,相异性的问题颠覆了对感知和想象的传统区分,传统的区分太过简化了。

它还打乱了相互独立的身份,我们想要分配给称为男人或女人的身份。性的区分作为问题是重要的,所有的人类都在围绕这个问题争论不休。与此同时,对于精神分析来说,并没有本质上具有决定性的对男性和女性的规定。

事实上,是从快乐原则转到现实原则的体验中,也就是在一个逐渐的过程中,对于每一个人类而言,在某些小他者陌生而熟悉的接近中,创造了所谓"男人"和所谓"女人"。这种放弃我们欲望之全能的体验促使我们返回到被我称为"冲动客体的替换性"的东西上。正是在体验中,快乐的过度被建构起来，我们在快乐的希望中找到某种界限的可能性被建构起来，于是男性和女性的定义被勾勒出来，因为它们并不是本来就存在的。

让我们回到我在第二章谈过的布里吉特·勒鲁和阿兰·布尔乔亚。按布里吉特的说法，对她根据不同的性别来要求某种"中性"。我已经在前文中指出，她并不像个女人，在性特征明显的女人中她就感到很不自在：她感觉被男人们猥亵的笑话冒犯了，于是，当她在工作场合中需要面对这些差异的时候，就立即"转换到他们的位置上"。她也难以忍受公开的女性性感，以及公认的女性角色，尤其是家庭妇女的角色。同时，对中性的需要让她一直保持着青少年的状态，这让她痛苦万分。她并不是不知道，她对某种入侵的恐惧，与想在他人心里抹去自己的疯狂念头有关，她在十年前就有过这种经历。在此期间，我认为，她在梦中和讲述中铺展开与自身认同有关的复杂故事：随着她与父亲关系中的暴力让位于面对父亲时体验到的痛苦，她对母亲的爱逐渐转化成恨。对成为所谓"女人"的抗拒在关于侵入的梦中被清楚地讲出来，在梦里，被描述为对任何事都口无遮拦的她的母亲，当着所有人的面问她是否便秘。她的回答"关你屁事"，具有一种典型的驱散母亲的作用，同时达成服从与母亲的某种关系，在这种关系中，没有人可以替换所谓的母亲。从根本上说，让这个女人痛苦的，是固定不变地依恋她的客体们：一个让她爱恨交织的母亲，与她谈论的更多的是肛门而不是性器官；以及一个父亲，她绝对需要让他保持着可恨人物的形象，而不是想象他对于母亲而言——虽然非常失败地——他扮演着一个男人的角色。在她童年中激起她的恐惧的，事实上，她曾经被迫在场于父母在辱骂和拳打脚踢之后继续做成人之事的时刻。醉醺醺的父亲殴打她的母亲，而在第二天早上，母亲又"报复"她的父亲，将他贬得一文不值。而在此期间，在狭小的住房中，他们做成人之事，并且让女儿目睹他们的闹剧。于是她宁愿消灭性欲，也不愿像曾经那样被迫的妥协。当她在这种生活体系中诧异地发现自己再次被完全交托给某个他者，这是她无法忍受的。她宁愿像一个为了悄悄照顾老人而生活不易的孩子一样在电影院里哭泣，也不愿意重新面对爱的依赖。对于布里吉特·勒鲁来说，面对她父母的性生活，是如此令她无法接受并令她感到羞耻，以至于她无法自如地前去寻找并失去一个欲望的客体。因为失去就是重新找到这种羞耻的形象，是她在童年就经历过的、之后通过各种职业活动扼杀了的羞耻形象。而代价是变得有些像青少年所说的"屁股发紧"（coincée du cul）①。这也意味

---

① coincée du cul，既是青少年中流行的粗话，又指性关系上胆小保守的女性。——译注

着她对屁股有过多的投注。我们可以说,当大他者是由一个激发了她依赖的男人所代表的时候,大他者不可控制的一面,就把她带入了一段极度痛苦的体验中。她在处理得很好的关系以及深厚但有距离的友情中会感到自在得多,这样的关系不会迫使她自问为什么一个男人会让她感到烦恼。布里吉特·勒鲁设法摆脱困境,以便不去害怕被某个男人唤醒的她身上的感受。然而她并不是同性恋。她只是把区分的问题中性化了。

另一名精神分析的女病人的情况有所不同,对于她来说,男性不总是可恨,而是令人恶心的。这名40多岁的女性,我们称她为朱莉·巴斯蒂安,她谈论自己的时候就像在谈论一个男人,尤其当她说自己爱上了一个女人的时候。决定、进攻、引诱中的责任,这一类话语对她而言是自然而然的。然而这与她在空间中的定向力障碍形成反差,这种定向力障碍令她在生活的所有活动中感到笨拙。在她的梦中,她时不时被带入一场令她停滞的测验里。有一天她谈论了一个所谓难以摆脱的梦:她在客厅里,一个男人坐在扶手椅上,他正在读一张报纸,报纸挡住了他。她面对着他,而在她左边,她母亲用一种很严肃的语调对她说:"拿掉你的帽子(bonnet)。"她的重音放在了"O"上。我把"帽子"这个词听成了"漂亮鼻子"(beau nez)。这个女人很愿意听我讲讲。因为在想到她说的话会有某种重要性时,她会感到吃惊。她很乐意听我给她信号,但从来不把话题转向我对她说的东西,这难道不也是一种不赞同的表达吗?她总是用一种对我的声音很感兴趣的语调回答道"啊,是吗?",但又谈论起别的东西,尤其是她创作的乐曲片段,以及她将会在某一天指挥的交响乐片段。她最常做的事,就是在治疗快结束的时候谈起她的梦,当她没有时间谈的时候,她便回家,把刚刚梦见的主题创作成音乐。这当然是一个游戏,与分析家对她的梦的兴趣有关。在我看来,她对自己是个男人的确信,与当她母亲要求她拿掉"帽子"时她无法摆脱的体验之间,有着密切的联系。她对此保持着一种一无所知的态度,而这种态度经常将她公开地置于一种难堪的境地中,她的"解决之道"就是把所有人都撵走。在分析中,她吃惊于我对她的梦感兴趣的态度,她听取了我的话语,却完全不用它们。通过忽视其男性身份是由故事编纂出来的,她将生活建立在这种确信之上。直到某个年纪之前,她一直与父亲和他的朋友们一起去运动。有一天糟糕的事情发生了,她丧失了陪伴他的权利,然后她疯狂地朝母亲发火。这个女人说:"我是同性恋",并批判所谓正常人的生活,却完全不去询问她的确信是什么造成的。她就是她,就是这样。这个女人体会到一种负罪感,或者更多的是对伴随自慰行为的性幻想感到巨大的甚至是折磨的羞耻感,这种羞耻感与她对女人的看似平静的诱惑形成了巨大反差。她并没注意到这种差别,仍然偏爱给我送花,带着迷恋的神情听我说话。

这两个女人,像人们平常说的,一个是同性恋,另一个则不是,虽然她俩完全不一样,却都被禁锢在无法摆脱的经历中,在性生活的领域里,没有任何东西可以接替或改变这段经历。两者的共同点在于,女性字眼所适用的一切是她们无法忍受的。她们的冲动客体始终是无可替代的。但是无法忍受的程度又是不一样的:布里吉特·勒鲁已经成功地把她的爱-恨升华为争斗中的父母形象;而朱莉·巴斯蒂安通过她的音乐试图避开让她感觉如此羞耻的东西。实际上,似乎只有在这里,关于性的区分,我们能明白,并且直到这里,我自己才明白了两个不同的东西。

一方面,涉及的是去掌握,在她们冲动的命运中,在她们的冲动客体的替换中,"女人"个体和"男人"个体是否贯穿了相同类型的经验,换句话说,在两类情况下快乐原则的界限是否走的是相同的道路。尤其,所有涉及到生殖性欲的东西是否以同样的男性性器官阴茎的方式在起作用呢?这里阴茎转化成石祖[①],也就是男性和女性的区分是否就围绕着这个唯

---

① phallus,拉康的术语,有译文将其翻译为"菲勒斯",本文沿用中国拉康派的译法"石祖"。此术语指示符号化的阴茎,是原始的或者缺失的能指,它强调了父亲、"父姓"的象征及符号功能。——译注

一的术语？我们称为石祖的东西以一个男人的性器官阴茎为参照，但它成了性能力的神话，有时被赋予把他的欲望强加给所有男人的原始父亲/领袖，有时被赋予全能母亲，她把孩子当作她的全能的补充（梅兰妮·克莱茵）。

另一方面，另一个问题存在于我提及过的所有例子里，是去了解在同性恋和异性恋在快乐原则界限的体验与经验中是否存在一个根本性的区分。是不是仅仅只有"异性恋"离开了快乐幻觉的领域？或者说确认这一点仅仅是一个非常标准的预期理由①，而精神分析则没有任何理由为其背书。

最后，弄清楚这两个问题之后，我们就要自问，在爱情和性的相遇中，是否存在关系（rapport）。1967年，在题为《幻想的逻辑》的讨论班中，拉康说过一个小句子，它承诺了一个伟大的未来："性关系不存在。"20年中，这句格言似乎总结为一种严格的怀疑态度，涉及爱情生活中的幻觉的精神分析促使我们抱持这种怀疑态度。它到底想说什么？难道不是说，快乐原则，即便被修改为现实原则，也会促使我们走向某种唯我论？我们在性生活中永远是孤独的吗？

---

① 即违反"论据应当是已被断定为真的判断"的规则而产生的逻辑错误。——译注

我们把什么称为"男人"？又把什么称为"女人"？经常让那些爱女人的男人感到焦虑的东西，是非常奇怪的他们对作为同性恋的恐惧。同样，他们坚信，他们的性器官足以定义他们的男人身份。出于同样的确信，如果他们有男人身份的话，只是使用而无法控制它，因此他们体验到的快乐在消退之时，性器官也会解决关于身份的问题。相反，无能经常将其置于不知自己是谁的愤怒与焦虑之中。人们都以为，或者太多地以为，取悦女人的关键在于器官，它解决了身份问题。"异性恋"男人的这两个特点是相互关联的：对快乐的渴望可能让他们女性化，它们不仅从体验的快乐上，还从石祖享乐对焦虑问题的解决上，把他们的效能（vertu）置于危险的境地。另外，我们把这种享乐称为"石祖的"，不是"阴茎的"，是为了指明，让其性器官发挥作用的快乐和焦虑，对于一个男人来说，承载着想象价值、社会价值和象征价值。这最后一个术语，需要在"符"（sumbolon）的意义上被理解，我们已经在性生活的结构中看到了其重要性：在性生活的两个时间的建构中，问题在于两个时间的分离产生了某些经验形象，它们仿佛是从性生活切割下来的一部分。当某些记录在童年快乐剧本中的元素，在潜伏已久的发育期之后被唤醒，那么从前快乐剧本的部分（被成人世界禁止）就会与当下性生活新元素结合不畅，后者是生殖性生活的问题。暂且不讨论石祖对于两性来说是否都代表了将要丧失的享乐部分,享乐部分的丧失是为了让人类能够在性欲上自我定位为男人或者女人。目前,我想强调的事实是,对于一个男性个体,其男性身份的问题必然地覆盖其阴茎引入的问题:与其他涉及快乐的身体区域——这些区域也让他与唤起快乐的"亲近-陌生人"建立关系——相比,阴茎具有这种特殊性,由于逃离了被控制的勃起和肿胀,它就是与未知大他者的关系中不可控的部分。在绝对性上,不再有对男性或女性的本质确定性。然而一个男人可以相信,可能比女人更多一点,性器官的使用给予他的快乐符合稳定的角色与功能。他可以相信这一点,因为其器官可见地向他保证了其功能,代价是这个可见之物对于他的身体和小他者的身体,同时还会是产生某种焦虑的区域,而从来没有任何东西能让这份焦虑完全平静。相比其他的性欲领域,在男性性欲中的可见之物被过度投注,因为它就是对抗从中发现的焦虑的保证。我们还记得特吕弗的电影《爱女人的男人》。在影片中,一个男人死于对某种保证的追寻,它是在女人的引诱中获得的。他看到这些女人,她们激起了他的欲望。更微妙的是,我们很欣赏一些男人的评价,他们懂得怎么去谈论其性别的可见性获取了何种资源与焦虑,对他们而言这种可见性又意味着什么:"首先是一种共同体验,每个男孩都独自经历过这种体验,电影可以比文学更加直接地说出它:欲望一个女孩,就是千方百计想看到她,带着一种永远会失望的希望,正是看这一眼会让欲望本质中的痛苦平息一点:进入了这个对象的身体,却永远无法在内心中像她自己一样去了解她。"(雅克·奥蒙,《遗忘症,让-吕克·戈达尔电影的虚构》,POL,1999)这个观点回应了我引用过的一个分析者阿兰·布尔乔亚的话:"当我把事情控制在手中的时候,总会好一些,露西儿在等着我。"男人勃起的性器官的确定性与手淫的形象,以及对他者不接受他在她面前的呈现方式的焦虑,它们之间符号性的粘着①,为这个男人建构起典型场景,在此场景中,阴茎这个快乐工具的特点获得了某种意义或者某个功能。同时,他害怕露西儿不接受他出现在她面前的方式——"就像我母亲从来不接受我的建议"。他害怕卷入到与这个女人的糟糕关系当中,也许她只是一个起阉割作用的泼妇或者美杜莎之头——谁知道呢,伴随着把只出现在自己梦里的冲突归咎于大他者的焦虑:他也不是无休止地渴望通过把性器官的快乐与男性属性的活动相联系而成为男人。他给予石祖享乐的意义(sens)中的非意义(non-sens)之点,显现在与另一个冲动的分歧之中,他的性器官在另一个片段中被捕获:他不太确定与其

---

① 即男人在自己的性器官和对在他人面前的呈现方式的焦虑之间建立了一种联系和混淆。——译注

和一群男女混在一起吸粉,是否更愿意去验证自己一直是个男人。同时他不敢毫无负罪感地把"事情都控制在手里",但他一边抹去其中的性意味,一边说都是因为人们没在他还是个孩子的时候教他这个教他那个,来解除他的负罪感。

分析让这个男人不会太快地把自己的分裂归咎于大他者的恶意,而是让他在享受自己的性器官的同时承认其符号性特征,该特征的一部分被任意地或者糟糕地"粘着"于他与享乐联系起来的意义。对于阿兰·布尔乔亚来说,自认为是个男人的感觉要求他必须能在生活中做某件事情,这件事情最初展现为他的症状,但对于其身份而言具有决定性:"我就是当下的一个男人:当我想要某个东西,我就必须拥有:我必须要拥有露西儿,或者我必须参与到我要做报告的某个工作会议中。"

让我们举另一个例子,它通过某种变化指出一个生理上是男性的个体确认自己是一个"男人",通过赋予在性器官的使用中体验到的快乐以某种"意义",这个意义符号性地确定为一个能指对一段历史的粘着,并吸收了某些已经存在的社会价值。虽然这些社会价值已经存在,但这一事实并不足以让这个男人把快乐的经验与所谓的价值结合起来。通过"能指的粘着",我在这里听到的是,与快乐的经验相联系的价值——病人的言说在某次叙述中提及的价值——在一个对立系统中发挥作用。这些价值并没有与体验到的快乐相结合的天然使命，但正是它们形成的系统能"框定"快乐。当意义的效果取决于诸多术语之间关系的某个系统时，我们谈论到了能指；在快乐—不快的对子在考虑到的价值系统内被捕捉的方式中，没有任何东西是天然的。

人类学家描述一个社会是如何组织的，不仅描述与交换有关的所有谱系，还描述植物界、动物界、地理条件、烹饪方法等领域中抽取出来的价值。这些价值为男人和女人之间的区分提供了内容。通过倾听男人和女人，精神分析家就是去认识通过哪些完全不同的途径，欲望的主体获得了这些社会中流通的价值。将人类存在个体化的东西，就是相较于这个区分，要自我定位于快乐和不快的国度中，还要创造出一个可以将以下两方面相结合的表达：一方面是在与大他者形象的关系中的幻觉和幻灭的经验；另一方面是流传于他们社会空间中的价值或者能指。症状就是两者结合中的失误，而我们都知道在精神分析中我们需要从症状出发，因为它们是某个过程的全部阶段，在这个过程中，冲动与可能代表了这个区分的客体相联系。在性区分的符号特征和冲动客体本质上的替代特征之间，存在着最大的类同性。冲动客体能够满足冲动，并且能够让某个主体感知自身。

确认为男人身份的个体，也许体验了性区分的符号特征和冲动客体的本质的替换特征，这体验类似于一段拥有与失去的经验。在这个问题上，有关他们性的图像起到了决定性作用。当问题涉及从童年欲望的全能走向它们的界限时，性的图像被他们想象为自己身体不可分割的一部分。另一方面，建立在他们身体部分和性欲对象之间的临近关系使这些客体组建成一系列的客体。在这种情况下，冲动客体的替代性被捕获，正如这些客体的等价性，甚或它们面对的中立性都被捕获。对于一个自认为男人的个体来说，这些客体的等价性是一种与母亲拉开距离的方式，母亲的危险在于要么一直禁止，要么反而过多地允许与性相关的快乐："她们就是一切"（Elles se valent toutes）替代了"我永远都不会离开她"（jamais je ne me déferais d'Elle）。

女人们则更加直接地投入于从一个客体到另一个客体的过渡所建立的体验之中。关于唤起其欲望客体的问题不同于能让她确定所遇客体的可替换特征的东西。她们感受到接受不同客体间快乐和不快的割裂的某种困难。在色情领域中，她们继续依靠着男人，但这并不能帮助她们转变她们与母亲的激情关系。她们把对阴茎的依赖当作客体来色情化，但在她们的快乐与不快中，并不把客体关系与所有和可能的满足不匹配的表象相混淆。

照德朗古先生的说法，他永远都不该来见一个分析家，"另外，我做的事情毫无价值。我没有能力在两个女人之间进行选择。我总是被妻子打压，只要她叫我，我就像条狗一样跟着。我不再爱我的女友。我想把生活全部摧毁。对于我的孩子们来说，我也从来都不是个父亲，我没法跟他们说话。我不知道自己想变成什么样子。在来见您之前，我去了工具房，我想用一条绳子把自己吊死，像我叔叔那样。我毫无价值，也不知道自己在工作中是干什么的，他们会发现的，最后会把我扫地出门"。

他在生命中的某个时期来见分析家，在这个时期，生活赖以建立的一切安排都不再适合他。德朗古先生处在无法衡量的危险之中。他的孩子们已经大了，他遇见一个女人，他很爱她，她给他讲了很多精神分析的事情。受此推动，他决定更换居住城市，在同样的职业领域中寻找另一份工作——这对他来说没有难度——并去做个精神分析。两年后，情况完全倒回去了：他就不该离开家，因为没看着最后一个孩子长大，并且为失去了跟其他孩子在一起的机会而感到痛苦；他失去了对女友的欲望，而在那之前他从来没有经历过阳痿；他尤其认为每周两次与分析家的会面完全就是不适合他的奢侈品。

虽然精神分析家在他们的训练中学会了根据主体组织情况来采取行动：有时先前的平衡在没变糟的情况下主体组织

并不会改变,但即便如此精神分析家们也不会采取"更糟策略"。精神分析的预备性面谈,与其他一些工作一起,有助于评估这些摧毁性力量和主体能力是如何联结在一起的,在其生活中的这样一个特殊时期,帮助主体在面对构成他的一切时进行转变。因此在分析期间的某个抑郁阶段,分析家既不是漠不关心也不会大吃一惊,他必须辨认是什么构成了希望来做分析的分析者所冒的风险。他还必须根据他对时机的判断,找到恰当的词去接纳一个分析的请求以及分析工作的继续和中断。

我现在谈论的这场治疗的关键在于,要让巴特斯·德朗古在自己的路上,确定他所经历的这段自我绝对贬低的时期。他对自己曾经希望踏上的这条道路的怀疑——他曾询问过我这条路是否合适他——正如我们所见,通过一大串负面的句子表现了出来,其中有一句让我特别难忘,因为这句话涉及其历史和转移的关系,也就是在此情况下,他无法相信分析是通过话语的治疗:"我没有话,我母亲从不允许我说话,分析不适合我。"这句话的第二部分提到了他孤独的童年,他描述自己的童年,似乎注定只能由动物而不是人来陪伴他。五岁就与父亲分离,由太过年轻的母亲抚养长大,他尽其所能地减轻她的负担。然而,他从这场与母亲的孤独探险中,留下了某种与让他说话的女人们的直接亲密感:"我一直生活在女人们的阴影中。"当他母亲远远地离开他,然后与一个男人生活在一起时,他立即就响应军队服役的号召,加入海军,却无法说出他感到自己被抛弃了。在他的童年里,没有东西能告诉他关于不在场的父亲的事情。此外,甚至到现在,他也没有任何话要对父亲说:"当我和我的孩子们去看他时,我也不会叫他父亲。"然而当他还是个孤独的孩子的时候,他知道哪里可以找到他:他偶尔会爬上一个跟他家有关系的朋友的卡车,他知道从那儿可以看到他的父亲。一般来说,那两个朋友见面时,他便一直待在卡车上。有一天,他父亲看到他,朝他扔了句:"瞧,原来是你,你还没死吗?"此处涉及的是我们称为"记忆-屏幕"的东西,它到底是凝缩了幻想与记忆的建构呢,还是真正的记忆呢? 不管怎样,对于分析来说重要的是,通过一位父亲的暴力,它抹杀了儿子的存在;人与人之间的关系在这里只有暴力与沉默。他现在承认自己又在儿子们的身上,继续他所说的这种谋杀式的联结。但与此同时,如我们所见,他又认为自己需要这样的关系,说精神分析不适合他。在这个苦闷又多产的时期,他试图参与到这样的关系中,经常是通过行为:他让他的父母知道他的状况很糟糕,比如向这个从前从未跟他说过话的父亲提出关于童年的问题。他尤其会让他想起这句说过的话:"瞧,原来是你,你还没死吗?"但他父亲否认自己说过这句话,后者只觉得自己年轻时如同田园诗般美好。

在他父亲对他曾经相信的童年的否认中,巴特斯·德朗古又找到一个证明自己无能的补充性证据。他需要立刻放弃记忆告诉他的一切,认为自己必须触及"抑郁"的最深处。但是他在词语世界的退缩把他带到女人的世界里。当他说"我母亲从不让我说话",指向了她将他囚禁其中的绝对之爱:他生怕自己幼小的存在有所增加,在他父亲离开之后,她只有他,这也导致他的沉默。在他青少年时期创造的解决之道,就是迷失在附近的森林里,去拜访动物们,在母亲家中的时候,就"在狗窝里避难"。在那里,他用手淫确认了自己的男人身份。后来,他住在一个山区,养雪橇犬,并且出色地完成了这类运动考验。然而这种升华,这种通过改变其即时性目的而将其冲动社会化的方式,却并不足够。

当他在分析中谈到这一点,他也谈到他在与女人的生活中刻意保持的沉默:引导他去做精神分析的,就是第一次遇到的一个和他说话的女人,而那时他的妻子保护了他的沉默。一直以来他都有很多情妇,他小心翼翼地让众多关系相互远离并保持隐秘:"没有未来的引诱,是我知道自己还活着的唯一方式。"德朗古先生拥有一种自然的力量、健壮、活跃,他的引诱略带强硬的作风。然而,就在他来做分析的困难期不久前,也就是他粗暴地离开其沉默的时候,他说"我从来就没有说话的权利",他对女友说他会继续见他的妻子,但与妻子的会面使他比此处提及的女友更加不稳定。他还失去了一直以来在女人身边寻求的沉默的庇护,而这庇护以"新的形式"继续,现在的情况是跟她们说话,就像他在童年时期在动物身边寻求帮助一样。这个行动实际上倾覆了他对世界的分裂,而这种分裂一方面能让他无需追问,心安理得地体验快乐,另一方面让他坚持自己是个男人,也就是说能让他走出他禁锢于其中的痛苦。这个分裂,也就是自我当中绝不能交流的不同部分间的组织,因为只有分裂才能让主体将两种不相容的思想结合在一起。德朗古先生一边强行地社会化,在多年里拥有了妻子和孩子,一边通过引诱,无需说出自己生活在女人们的阴影中。现在他走出了这个阴影,但是他的情况更糟了。与女友说话,让他变得无能;无用的感觉又与他之前的存在感混在一起。他再也认不出自己最初是什么样子。他从"我没有话"来到"我没有话"。我说"我做了一些事情"和"我没有做",在工作中和与女人们的关系中是一样,在分析中和您的关系也是一样。

在第一次分析中,他就讲了一个让他无所适从的梦:他穿着女人的衣服,遇上了妓院的女老板,他自己则是新来的妓女。这个梦,虽然其转移性质[①]一目了然,却被他长期无视。

---

① 作者,即分析家本人是女性。——译注

他对一个妓女的认同,与他自己的"硬汉"部分形成强烈的对比。渐渐地,他的这个女性化立场与他在孩提时期一个游乐场里遭受的一次性虐待的情节联系了起来。但是在他的治疗中,根本问题并不在于他身上石祖的立场和女性认同之间的冲突。这个冲突实际上折射在他面对分析时建立起来的暂停的"场域中",这暂停是他通过以下句子的和谐明确表达出来的:"我没有话语权,我无话可说。"直到那时,他以另外的方式解决了男人身份确认的问题。也许他来见一个分析家,实际上就像他在童年时代来到动物身边,后来他在女人们身边寻找庇护所,然而性享乐以这样的方式让他在无需说话的条件下确认了自己,因为有那么多被他引诱的女人向他献殷勤。没有这种沉默的确定,他就无法确信自己存在。离开这个系统,他就把自己置于巨大的风险中,一种绝对的自我贬低感威胁着他。

他在转移中重复的东西没有比这更确切的了:他重复着自己的分裂,然而他在不同关系的相互隔离中、在无言分手的仓促中暂时找到的平静的效果并不能让他安心。在很长一段时间里,他反复地抱怨,并且承认自己只是为了抱怨而来。一天,他找我要一个精神科医生的地址,因为他状况太糟,早上无法起床去工作,也无法面对自从他和女友说过以后,要在两个女人之间做出选择。他咨询的第一个精神科医生对他说,他生病了,病得很重,所以为他开了抗抑郁的药。巴特斯·德朗古先生因为被当作病人而愤怒,他拒绝吃药然后开始做梦:他在前往一个山峰的路上,一男一女,两个都是引诱者,为了带他走,教他做爱而引诱他。但是一大群忧心忡忡的人威胁着他,跟在他后面,他们"来自时间的黑夜"。同一个晚上的第二个梦,他与指责他离开妻子的小舅子打架。他惊讶自己嘴里说出"来自时间的黑夜"来形容那些人,他以为自己无词可说,同时他又对在夜晚产生的东西表示怀疑。我询问了他和男人的打斗和他面对精神科医生唤起的负罪感,但这似乎并没有为他开启什么新思路,他只是说,他来确定我是否能够在他体验的经历中坚持,在这次治疗的末尾,他对我说"谢谢"。

然而,他没有停止行动。他下一次治疗没有出现。他提前通知我,像往常一样自我贬低,然后宣称:"我与您的关系,就像我跟其他女人在一起时一样,我无话可说。我把工作搞砸了,我被医院的精神科医生牵着走,我不想再见您了,我会去找别人。然而,我并不怨恨您。"通过玩弄这样一套戏码来对抗他者,他确实建构了一种分裂,一般来说,分裂暂时令他平静了下来;但是,在后来的谈论中,他开始提及对分析家的怀疑,这让他对自己的指控减轻了一些;相反,当他确定自己无话可说,又面对一个可靠的分析家时,这些指控就会爆发。

他好了一点,尤其是在他说到自己不再性无能时,这场分析一度中断。工作职位的变化给他带来一点好处——这也意味着,尽管他曾经经历那个阶段且确信自己的无能,他的职业竞争力并未受到影响——他打来电话,说他在思考发生在他身上的事情,而且会和我保持联系。

在这段时间里,德朗古先生不再知道自己是谁,同时描绘出对于他而言成为一个男人意味着什么:他不再把性和爱分开——像让·尤斯塔奇(Jean Eustache)的电影《母亲与娼妓》(*La Maman et la Putain*)那样——因为他和妻子曾经有过只剩下温情的关系(各种意义上的温情)。性生活更多的是让他用来在沉默中使自己避免焦虑,这种焦虑在表面上改变了那个梦,在那个梦里,来自时间之夜的人们,在背后威胁他,然而前面还有另一些人引诱他。他从来没有在面对某个人的时候感受到对方的快乐,可能除了当他在狗窝中避难时的想象。性享乐曾经的任务是结束他的不确定,因此它就有了一种无法丢弃的强迫特质,他所实施的引诱同时将其丢弃在"女人们的阴影中"。然而,与他的性快乐相联系的地方不再存在了。

在这个例子中,如同阿兰·布尔乔亚的例子,我们难以想象一个男人如何能将他不受控制的性欲、勃起和软缩变成一个领域,在那儿正上演着他与大他者的未知部分,也是与自己未知部分的不可控制的关系。这里的大他者,既是他与之斗争的男人,也是证明其存在的沉默的女人们,或者是这个离他太近以至于他试图使自己躲避的母亲的形象。我们会注意到，作为小他者的女性立场并没有真正地表现在石祖享乐的挑战中，而石祖的享乐确定的是男性身份。然而，我们可以说，一个女人，在这些男人中间，当她处于令他们享乐的范围中或者边界上时，作为与之相关的小他者出现，那么这个小他者就拥有了毋庸置疑的权力，去接受或者拒绝在他们身上呈现出男性特征的东西——这是阿兰·布尔乔亚的情况——或者去颠覆这个表现的预先安排——这是巴特斯·德朗古的情况。然而边界并不是为她勾画的，她仅仅存在于她对石祖自恋情节产生的影响中，即她对他们的以性器官为标志的完整之梦的影响。对一个男人而言，为自己的性器官感到骄傲，犹如那喀索斯迷恋自己水中的倒影。女人就是处在这个自恋场域中的客体，同时，她为它标注了一个难以思考的边界。除此之外，女性立场与母性立场、与母亲的形象相混淆，那是男人在他的幻想中要面对的。我们可以在这里贴切地说，于男人与女人们达成关系的方式上，"性关系不存在"（拉康）。

在女性立场方面，问题是从别处出发的：一个女人的例子，她与丈夫分手的时候接受了分析，这种情况在女性方面很常见。这个女人很难对自己单身女人和单身妈妈的情况有所认知。她有一个癖好，当她认识一个男人的时候，她会强迫他无条件在场。同时,她会"挑选"那些没有可能性的男人做她的情人。她会假借家族遗留的暴力,逼迫他们腾出时间,而后指责他们做不到,把他们称作无能。在她的分析过程中,这种情况夸张地重复着,在转移的绝望中又总是充满希望:她爱上了一个男人,此人的姓里面有一个女性的词——"马约尔"(Major-elle)①。她把这个词与她和他在马拉喀什的一次旅行联系了起来,尤其是在"马约尔花园",与她情人同名的花园,后来成为伊夫·圣·罗兰(Yves Saint Laurent)的别墅。这次旅行标志着他们关系的一个重要时刻。从此,通过她童年时期的士官长(Sergent-Major)故事,有多座桥梁将她引导至与这个男人一起体验到的快乐、他对她说的话、他为她殷勤表现:"温室"(serre)、"服务"(sers)、"让"(Jean)、"法师"(mage)、"少校"(Major)……在她的冲动客体以及其欲望特征的领域中,有一些东西要言说。但是她在这个阶段做的梦让她情人的妻子也登场,在这个女人面前,她体验到一种混合着迷恋的恨意。首先,关于这些梦,她什么都不说。她只是以行动来回应:她把自己放到另一个女人的位置上,她跑到情人家的楼梯上过夜②,这导致了她情人的离开。于是她可以,但也只是可

---

① Majoelle,马约尔这个姓氏当中包含着 elle,即"她"的意思。——译注
② 作者解释,她的爱与嫉妒关联在一起。当嫉妒爆发时,她到情人家外面嘶吼哭泣,整夜睡在楼梯上,最终让情人无法忍受而离开。——译注

以，重新认识那在她汹涌的嫉妒中起作用的东西，在他的姓Major-elle[少校-她]所说的东西。在她可以谈论这个能指、从幻想中凝缩的东西和一个男人之前，一切就已经把她带到了一个女人那里。

然而，当嫉妒危机最严重的时候，她本来可能做出将其毁灭的行为，却来与分析家谈话，她重新开始进行手工书本装帧，她曾经在图像艺术专业中从事过这项活动。她说，她一次又一次地穿过那些结，从马约尔花园中藤蔓的形态到她装订的着色，直到它们固定。她进入了最糟糕的情势中，但她本来可以干些别的事情，而不是成为一个男人和女人之间的结，并把这个结置于一些物品当中。书本装帧①接近于某种几乎让她疯狂的东西：马约尔花园的藤就像从她身上分散开的一个碎片，一个"符"(sumbolon)②。通过一个男人，一个女人寻找对另一个女人的憎恨。她把"最糟"行动化，但同时，她把关键物质化了，把自己的疯狂转换成一个不同于她的物质客体，允许她在当下呈现其痛苦、根本的不满与暴力。这个女人处于婚姻中时，她没有工作，只是偶尔帮助丈夫工作，并养育孩子。现在她成了古董书装帧师，而她的困难在于将其工作社会化，

---

① 装帧、装订的法文为 relier，字面意思即"把……连起来"。——译注
② sumbolon 在被联结和被替换的客体意义上，见第四章关于 symbolique[符号的]、sumbolon[符]的讨论。——译注

因为她说:"我的书是无价的。"她本想送我几本她装订的书籍,但它们太珍贵,似乎它们是让她重新认识自己并联系一切的见证者,因此它们不能像任何商品那样流通。在我看来值得注意的东西——这个解决痛苦的方式并未抹杀其主体的关键,并且找到了转移痛苦甚至最终将其社会化的方式,在这个解决方式的发明中——就是让痛苦变得极端的方式:她希望有一个男人能让自己幸福,这个灾难性快乐的希望,转换成一个主体性的位置,那里她可以重新认识自己,而且只需要通过她自己建立起来的,在"马约尔"(Major-elle)和"装帧"之间的关系。她依靠什么,依靠从治疗空间或我个人身上抽取出来的哪一个细节,实行了这个转换? 我始终什么都不知道,虽然在这个治疗过程中我始终在场。我会想起这个治疗,也许是因为其中有某些与巴特斯·德朗古的治疗相类似的东西:在这两位分析者的家庭和社会的历史中,暴力关系占统治地位。她也可以这样说:"人们从来没给我说话的权利。"在这两条人生路线中,都存在着身体暴力与家庭成员之间沉默的色情化。于是我们也抓住了区别:对于这个女性"装帧师",涉及其冲动客体的东西并没有与活动和能指保持简单的连续性,而能指"马约尔"、"装帧"(Majorelle, relier)让她走出了过度的困境。男人身上引诱她的东西始终与她在装帧中呈现的策略保持着距离。在装帧过程中,更多地保留了可能会让她发疯的一切痕迹：强烈的嫉妒，是被实现的幻想，在这个幻想里，一个男人把她带到一个女人的剧情中，她在那儿扮演了第三者。允许她走出来且没有否认其幻想的东西，是这个活动的直接投入，这场活动物质性地替代了让她痛苦的东西，又通过为痛苦创造社会化的等价物减轻了她的痛苦。替代，是取代并且代表，也就是我们所谓的"符号化"。但这里的符号和客体有部分的区别。

她渴望的男人是客体，但既不是他的性器官也不是她的性器官——也就是曾经被引诱的快乐——代表了这个女人为了不过度"疯狂"而需放手的东西。问题不在于石祖，在石祖问题中，一个性化的器官——阴茎——既代表着快乐维度上的满足，又是想象的术语，我们必须丢掉这个术语，因为我们的欲望与它们的客体之间没有构成性的适应。

并非总是通过无法被言说只能被重复的行为，冲动的设置才会浮现。经常地，伴随治疗的进展，冲动的设置在梦中显现。这是另一个女性分析者的情况，她叫安娜-玛丽·特蕾丝，我们之后还会讲到她①。在与她所爱，但可能会离开她的一个男人约会的前一天，安娜-玛丽做了个梦。她梦见她和自

---

① 见第六章"只有两种性吗？或者还有更多？"。——译注

己的女儿一起在排队,要去一个未知的地方。梦境笼罩着一种痛苦的气氛,在梦中的那条街上,她看到一个指示牌:"去屠宰场"。她对自己说,她还要去城里买点东西,于是她借了一辆非常漂亮的车去购物,在路上她才意识到自己把女儿单独留下了,于是感到羞愧和罪恶。她悔恨不已,本来可以跟女儿在一起度过这点时光。然后她醒了,为刚刚的噩梦惊吓不已,她觉得自己体验到犹如二战期间人们指责犹太人消极一般的屈辱感。

女病人的联想首先将她带到可能离开她的男朋友那里。他最近对她说:"我想去看你的女儿。"同一天他还谈到自己和女人在一起的消极性。梦把这个消极元素替换到她自己身上,并大大加重了它,因为她把男人离开的威胁转变成一种彻底的无法解释的耻辱感,类似于犹太人的屈辱感。同时,她"背负着痛苦",那个由威胁要离开的男人导致的那些痛苦,似乎解释了她存在的彻底不充分性。但是在这个梦里,同样也有别的东西,让她在治疗中说起时突然大笑。大笑,并走出噩梦:那辆漂亮的车让她想到了另一个男人,与她现在爱着的且威胁要离开的那个人相反,他拥有"一台漂亮的车"。在一个聚会上,他给了她不少提议以发展好感。在这个问题上,她女儿指责了她,就在那次聚会不久,她过于频繁的约会将负罪感置于更加轻盈但更加色情的领域中。我曾经在《普遍性的建构》(*La construc-*

tion de Généralité）一书中提过这个例子，以思考男人和女人的罪恶感结构。现在我想要抓住这个例子的另一特征：允许这个女人将分手威胁的痛苦进行转化的东西，很矛盾地，它是在梦中严重化的表象，内在于快乐/不快的过度的新的联结：对最糟情况的想象，糟糕的程度不同于威胁效果的严重性，想象允许这个女人去触底，然后从被损害的形象开始反弹，通过回忆另一个拥有漂亮汽车的男人而从绝对的厄运中离开。漂亮汽车是梦里的一个元素，这个元素凝练地指向了一个男人的性器官，指向了某个被更多包裹着的、更有母性的东西。作为男人性器官的象征，这个元素更多处在客体的位置，它本身并不是梦的复现资源。允许这个女人甩掉她的痛苦的，正是对最糟情况的想象。似乎为任由自己在绝对厄运中滑倒的意愿赋予形式，并通过在梦中创造一个不幸的情节，就能自己拥有一种平复的功能。这样，通过一个关于她与某个男人可能的未来的词语游戏——"有个漂亮的……"——某种联系被打开了。这个梦在我看来，很好地说明了一个事实：对于一个女人来说，在"总结"为她对一个男人的爱情依赖的客体阴茎，和我们命名为石祖的东西之间没有重合。根据拉康的观点，后者是两性中，对于欲望而言没有建设性的标志。另外，老实说，问题并不在于没有快乐和不快与其客体的不适应性，甚至在我已经提及过的男人们的治疗中，这也许也不是对等的。"存在之缺"

(Manque à être)这个表达意味着让主体与自己独处,与让他渴望的东西的结构独处。正如我在本书一开头中所做的那样,谈论快乐本身的过度的不一致性,至少要让问题敞开,也就是去了解一个主体在与自己的独处中是否对大他者晦涩的一面感到好奇。他寻找,他想重新找到这个大他者,而大他者有时候会在毫无防备的激情中与他相遇。

让我们比较一下男性和女性的路线。对于阿兰·布尔乔亚来说,他的性器官表象受到了双重的决定:一方面,它是性享乐的工具——取悦女性,并且乐于取悦她;另一方面,它是做决定就要冒风险的能力的象征物,并且表明了他没有办法恰到好处地去运用这项能力;他太过僵硬或太过急躁地参与到他自己的社会活动以及他与女人们的关系中。另外,他对人们期待他的男人立场并不感到舒适,他梦想一种更微妙的被动的、吸收性的、没有区分的性别加入其中的享乐和石祖享乐的混合。他自我肯定的持续性产生于他把自己欲望的某个成分排除的时候:"我阻止自己说出什么话,然后,我就再也忍受不了,我确信她或者他要毁灭我。"

然而,要说这种享乐至少部分是石祖性的,并不是说它被简化为男人在一个器官中体验到的东西,而是说这个器官的享乐以及对于他触碰的女人身体没有像他期待的那样,从而把他带到不受幻想控制的体验上。通过直立的阴茎,他触到了这个大他者的未知部分,也就是他幻想力量的边界。直立的阴茎也可以属于缺失的行列,并且由此代表了男性的所有符号特征。这里,在作为担负着自恋情结的客体阴茎和梦当中的我称为"表象"或"符号资源"的东西之间存在着重叠。我谈论过的安娜-玛丽·特蕾丝的情况则不同:让她能够勾勒自己焦虑的表象资源在于对最糟糕情况的想象,而不是与一个客体的符号游戏,这个客体的所有色情特征同时可能描述在场和缺席、有和没有的区别。一个女人不能不知道,阴茎不是石祖。对于一个女人而言,石祖是一个想象的术语,与幻想出来的父亲或者母亲的全能有关,而不是一次符号性的飞跃,让她能够通过她身体的一部分,表现出对全能的放弃。一个女人是通过其他方式表现出丢失或者分离,而不是用帮助她与自己的欲望客体游戏的方式。安娜-玛丽·特蕾丝创造了一个结合两者的剧情,它使得这些序列从一个来到另一个上变得可能。对最糟情况的幻想给出了一个加重的痛苦的基调,从这个包含又限制了痛苦的材料开始,一个或者几个冲动客体以幽默的方式出现了。

为了具体说明被我命名为梦之资源的东西,这个创造显现在它的形成物中,我举第二个例子。一位年轻的女人安排了一场晚宴。一个跟她不太熟但她很欣赏的宾客,不像其他客人那样给她带来一束花或一瓶酒,而是给她带了一个贝壳,肉肉的又有很多褶皱,不禁让她失笑。第二天晚上,她做了个梦,梦见自己在一个教室里,必须给学生监考。她觉得她需要给学生们出考题,可是她又不知道考题是什么。她认为这个考题是由一个权威的委员会确定的。她非常烦恼,去找评委会的负责人,此人是她以前的爱人,正与那个贝壳男同名。

这个梦让我印象深刻的地方,正是某个非常特别的表达,通过这个表达,呈现出她自我感觉是女性的原因:她必须给出考题,但她不知道考题是什么。还是这里,正是从她自身的不确定开始,她作为女人存在。这个不确定还是由一个小他者唤起的表象,但没把女人变成一个在神秘或祭品的位置上注定一文不值的主体,像我们过于频繁地说起的那种。此处涉及的也不是之前案例中某种彻底的屈辱感,而是一种与她自身的不可指定但又具有决定性的某个方面的关联,它在这个梦找到了复现方式:她是从自身的某个点开始感觉到自己是女人的,但她不知道这个点被包含在哪种场景中,或者它是如何成为这样的。梦的表象来源利用客体的特征,这个客体曾经向她提供并且唤起了她自己的性别,而她在一种描述的能力中吸取了这个在与他人的关系中未知自身的东西,而且这个幻想除了阴茎和石祖的重合之外,还有别的标记。

当我们注意到在女人们的梦中勾勒这种"缺席于自身"(absence à soi)的方式——缺席既不是丢失(perte)也不是缺少

(manque)——就能提出许多其他的例子：比如一名女性在工作上非常出色且成果颇丰，但占用太多时间的工作让她的夫妻生活陷入了危机。有一天，忧心忡忡的她说起了自己对一位女性朋友的担忧，这位朋友居住的城市之前受到了台风的袭击。接下来的那个晚上，蒂芬妮——让我们叫她蒂芬妮吧——梦到自己在洪水中，家具都被水流卷走了，所有东西都没有方向地漂浮着，从小勺子到钢琴，都从她身边漂过。她挂在了某种吊车、某种建筑工地上的机器上，她紧紧抓住不放。然后，慢慢地，仅仅是抓住这台机器就让洪流渐渐平息下来，她也得以安然无恙地松手。蒂芬妮在分析中谈到了这个梦。她的分析家，一个男人，告诉她，是石祖停止了龙卷风并且平息了游戏。她失望地离开，感觉自己没有被分析家理解，被置于一个完整的解释体系的笼子里面。因为对于她来说，重要的是梦里的这个时刻：她没有从洪流中逃离，而是找到了一个可以抓住的机器，第一时间抓住了它；因为这个悬挂的行为仅仅通过她所描述的事实就满足了其锚定功能，她就可以松开所谓的机器。洪流之中，只要我们给它一个形式，就能找到一个重心。把机器解释为石祖的形象，将石祖当成整个过程的重心，是错误的。就像对最糟糕事物的想象那样，是她自己在此处把痛苦变成了微笑，在洪流中找到锚定点的能力的使用，让悬置的紧张局势失效，她的双手因此得以谨慎地松开它们暂时的依靠。此处，在梦中发生的改变并不是在"漂亮汽车"那样的词语游戏上,而是在梦中"谨慎地"把噩梦转向微笑的一面。

这些梦让我想起歌德《浮士德》第二部里的一段(第三幕)。当她的丈夫回到莫涅拉斯宫殿时,海伦成为女巫恶意袭击的对象,女巫实际为魔鬼梅菲斯特所变。当海伦为了"不可消解的爱之快乐"而出发去特洛伊城的时候,这个福尔库阿斯就成了宫殿的管家,她指控王后在世上的所有罪过,指控她通过多次引诱而让希腊的城市陷入火与血的境地。控诉汹涌澎湃。海伦的抗议在开始时毫无效果:

海伦:别再扰乱我疯狂的心灵。
　　此刻我也不知道哪个是我自己。

福耳库阿斯:又有人说,从地域虚空冥府中复活的
　　阿喀琉斯,为爱心神不宁,与你合为一体!
　　他对你的爱,违抗命运的安排。

海伦:我是影子,把他当影子来结合。
　　正如传说所言,不过是梦一场,
　　我将消逝,我自己也将成为影子。

在这些"对最糟情况的"回忆面前她晕倒了,如同合唱所唱到的那样。但她很快神志清明,再度立于中心位置,由于这段短暂取消的影响:

海伦:我步履蹒跚,摆脱眩晕时包围我的一片沙漠,
　　　很想再休息一会儿,双腿疲惫至极已难以支持:
　　　为难猝然而至,务必沉着应对,方寸不乱,
　　　王室后妃应如此,所有人都应如此。

这个唯一一次将自己取消的表演,允许这个女人发出她的声音。我们经常惊讶于女人们在分析中或者生活中度过无依无靠的似乎没有任何办法的时期,人们说那是她们自愿疯掉的时期,但是她们却可以抗争,人们完全没法理解用什么方式,她们就平息下来。当然,除了坚持表达之外别无他法,但是对于一个不仅仅是缺席的大他者而言,她们"触底",她们从自身的破灭,或从对最糟情况的想象这么个时刻开始存在,就像在有关的梦中显示的那样。这就让被期待的快乐和要逃避的不快的客体功能得以建立——在德语中我们说"成形"或者"成为图像"——在这片沃土中。

弗洛伊德偶尔提到一个观点:只存在一种力比多,其本质是男性的;还有拉康关于石祖功能的单方面理论——根据这个理论,在涉及父亲的阴茎之前,首先是作为母亲缺失之物的石祖,它是两性欲望内部缺失的代表——因此,应该去思考分离、哀悼和冲动客体的替换的过程。"女性"和"男性"描述了冲动的两种不同的命运,这两种命运与解剖学上的性进入复杂情节和叙事的方式有关,而后者为贯穿个人的满足与不快乐的体验赋予了形式。

拉康提议用下列命题来定义男性和女性之间的区分:"女人是不拥有,男人是并非不拥有"(La femme est sans l'avoir, l'homme n'est pas sans l'avoir)。然而,要描述男性和女性之间的不同,我们可以根据在某次分析中提及的冲动过程来理解它,仅仅提出一个围绕着某个共同术语转的不对称性是不够的。因为这个共同术语表面上可抽象且简化为一个类似代词的语法术语 l' 或者代数术语词 Phi,然而在不同的经验中,这个共同术语有着不同的组织影响;而且它与进行于男性中的过程保持着优先关系。借用卡尔·波普尔的术语来说,在分析理论的框架中,石祖理论是可证伪的:当涉及描述男性性欲的决定性组成成分时,它也许有一部分是恰当的,但其功能对于在女性性欲中进行的程序来讲,并没有被足够证实。对于两性而言共有的,是从快乐原则向现实原则过渡的体验。精神分析的临床让我们理解了,快乐-不快所服从的内部工作是如何坚持精神器官记录于自身的东西,也让我们能够根据以下情况来采取措施,即弗洛伊德在1925年《论否认》一文中精细表达的"曾经唤起某种满足感的客体被丢失了"。然而,这种丢失重现的方式并没有两性通用的公式。这意味着两件事:正是在对这种记录过程的体验中,男性和女性得以区分开来;为这两种路线假设一个通用图示是毫无道理的。

第六章

只有两种性吗？或者还有更多？

从这里开始，提出两个问题：如果男性和女性的程序并不是从各个方面都围绕一个共同的术语即石祖来进行的话，那么两性是否就永远不会相遇？它们是否只是互相区别的冲动组织，或者说在这种区别中，它们之间是否有关系？

另外一个问题，就是要知道在这种经历中（德语中的 Erlebnis 既是体验又是经验的意思），异性恋道路和同性恋道路之间的区别是什么。让我们把它留到最后——留到结尾，或者说把最好的东西留到结尾，这是我们有意为之的——这些要点的首要问题就在于思忖性关系（rapport sexuel）是否存在，并且我们要尝试理解，在精神分析中，人们会采取何种方式去触及什么是将异性恋和同性恋区分开来的东西这个问题。

各种异性恋和同性恋

我不想长篇累牍地为关于同性恋的问题提供一个结论性的答案,这个问题不论是在精神分析中还是在社会中都已经有了大量讨论。一种方便的解决方法是,所有的人类"无论如何"都是双性的。在我提及的临床案例中,异性恋的分析者在他们的梦里见证了同时涉及两种性别的问题。但是这是一个到此为止的脱身之计,因为消除了在同性爱还是异性爱的客体之间选择的区别。我在前面提到过一个女人,朱莉·巴斯蒂安,她说"我是一个男人"。我想通过这个说明什么?她用多次治疗来谈论自己的白日梦,在那些梦里她总是一个男性的英雄。这个英雄形象可能借自神话,她在她的梦与这个英雄人物之间编织了许多关系。要么她饶有兴趣地谈论她作为作曲家以及交响乐团未来的指挥的活动。一般来说,指挥交响乐团的活动并不更多地属于男性。但是她把自己成为交响乐指挥的愿望和可以引诱音乐学院的女生们的事实联系在一起。而且有时,在音乐会中,她会被某个不认识的女人吸引,会为了征服而去接近她。让人吃惊的是,她对意中人的追求有着外显的浪漫特点。她试图在她的追求中显示某种类似骑士爱情的东西。为了让这追求连续不断,她需要沉溺在白日梦里,当现实的某种东西阻止她沉溺幻想时,她就觉得自己掉入一个充满敌意的、愚蠢和不可理喻的世界。她抛弃了工作上的同事和上级,因为他们给她强加了一些日常忧虑。同时,在治疗中发展的故事却被中断了:直到某一刻,她一直都是一个男孩子;有个年轻的男人爱上了作为女孩的她,这件事成了一个她绝对不想回忆的可怕侮辱。他侵害了在生活中支撑她的坚信,她试图让人们认识到这份坚信。但是与这确信相反的是,每当她谈到手淫的经历时,不由自主地表现出罪恶感或者羞耻的状态。如果我的话里有东西让你们觉得这里的手淫不值得重视的话,那么它铁定是个"乌龙球"。

分析的关键是允许这个女人将她的羞耻感和她的确信联系起来,她把前者当作绝不能被人发现的珍宝,而宣称她的确信就是她的真理,而她则是一个在英雄之旅中探索的年轻男人,他要去征服女人。最终渴望同性的个体与那些最终渴望异性的个体,度过了相同的考验。这种考验包括各种各样分离的经历,以及在某个决定性的时刻,在感觉和思想上,要面临下列事实:某些生活伴侣、表兄弟、兄弟拥有阴茎,阴茎的某些特质对于男孩来说宝贵而又令人焦虑,对女孩来说迷人而又陌生。这种对两性区别的认识对于每个人来说就像是孕育着思想的子宫。围绕着这个令人害怕、期待、否认、贴近或者受到改变的发现,每个人建构起自己的风格。对于我谈论的这个分析者而言，拿掉她的"帽子"是不可忍受的，她注定要表明她可以用不同的方式去行动，即便为了这她必须长期保持幻想白日梦，这白日梦让她在日常生活中不知所措，让她感觉到这个可笑的世界在迫害她。同时，进一步的分析让她逐渐发现自己在这种迫害感中的暴力性；实际上，她千方百计地攻击所有不让她在白日梦中安心享受渴望的人。

了解一些人有阴茎而另外一些没有的这个事实，并不会让我们明白自己属于两种分类中的哪一类。在此处感知与希望和恐惧相联系。另外，对于男孩和女孩而言，看法本身的价值并不相同：在性游戏中，男孩子看到他的阴茎并体验阴茎带来的快乐的经历，与自恋的完整感及其自豪感紧紧地联系在一起。然而这种完整感却因无法控制而无法完整，因为在各种情况下，他的阴茎都部分地逃离他的控制。比如，关于某个姐妹没有他这个东西的想法是一个幻想，一个与可见物联系在一起的幻想，但也只是个幻想，因为这种感知保持了其功能的重要性。它驱散他的焦虑并且滋生出不同的推论："因为她没有，所以我才有。"我们可以想象，比如某个男人总是需要女人身上的某种生理性的东西，来与他这个神奇推论挂钩。他要自我感觉为男人，这个推论是必不可少的。在他看来，只有拥有此类特征的女人才值得他注意。此处，正是这个小小的倒错——迫切需要感觉到他者"真正地"有理由痛苦才能作为自己而存在——在有点大男子主义的社会中已经变得难以察觉。因此,他所看到的东西引发了与他的快乐与焦虑有关的整个神奇的制造过程。而对于一个女孩来说,可视之物却完全没有扮演同样的角色。人们让女性性欲模仿男性性欲,所以长久以来人们说因为她们没有阴茎,所以女孩子只能感觉自己是有缺陷的,不仅缺少这个器官,而且还缺少一切与自恋中的男人有关的威望(prestige)。但是这是基于男性幻想开始的对女性的想象。通过倾听分析者们的梦,我发现女孩子与男孩阴茎之间的关系仅仅用一个"嫉羡"的术语是不足以描述的:这个关系既出自受到某个未知的、令人着迷又可怕的器官的吸引,还出自想要得到这个器官的欲望。可视和可触摸之物的重要性在女孩子身上,而后在女人们身上,创造出某种被培养起来的对他人的依赖,或者相反,创造出对他人的厌恶。无论是依赖还是厌恶都无法简化为一种对阴茎的嫉羡,阴茎这个词或许只是对女性特质的否认。一方面,如同我们已经在某些梦中看到的那样,女孩们的性器官的形式给出了一些表象,阴道是幻想和创造故事情节的机会,在这些情节中,人们通过想象与自己不一样的他人来质问自身;另一方面,她们对于男孩子性器官的着迷并不意味着她们的内心(in petto)着迷男孩子与阴茎相关的一切,他们本身;最后,她们与另外那种性器官的重要性被以下事实所消解:对快乐和焦虑的内在体验,尤其是对分离的体验,不能由异性性器官的表象解决。简而言之,从阴茎到我们称为石祖之物的这条道路,相对于女人,男人是更清晰的。只有在对自身性器官的自恋没有将他们变得太多疑而保持了一种好奇心时,男人们才可以进入异性的性器官。而女人们,纵然她们可以为了讨好男人有万千办法假扮成"有缺陷"的,但她们一方面更应该去解决她们性依赖的问题,另一方面,去解决她们与他者分离的困难,他者与她们是明显不同的。

然而我离题了,或者说,我在讨论中以建设性的方式离题了:"担任起"展示精神分析如何讨论对同性恋和异性恋的区分的任务,我"又掉进了"性区分的经历中,结果就是,在具体而微的情节塑造、纷繁复杂的推理完成之后,人们感觉到自己是个男人或者是个女人。对于一个分析家来说,不论是同性恋还是异性恋,重点在于能够分析以性区分建构的问题为中心围绕的一些多少有点谵妄性的幻想和推理。然而,分析家并不是在所有案例中都能分析。因此,必须在转移中调动故事的独特性,而且阻碍治疗的享乐也不应该成为转移中最重要的因素。

精神分析研究人类的独特性,不是因为它在政治或者在意识形态上维护独特性,而是因为它研究人类的方式让它了解到:不同个体之间的区分形成于性区分的经验中。精神分析家是独特性的专家,因为他们理解性区分的经验——它从来就不只是感知的,即不只是免于幻想的——是如何形成每个人的风格、生活和思想的。根据围绕着这个事实讲述各自故事的方式——这个事实本身就是一个问题——无穷无尽的解决办法,也就是人类的各种独特性被创造出来。转移情势中的梦、症状、叙述,在这个人类共同经历的统一性和让人类存在及每个人思想的独特性之间建立起联系。决定性的要求是要懂得倾听各种不同,并且在治疗的各种情况中学会倾听不同:给分析家提出的问题不是同性恋和异性恋之间的不同,而是可分析的主体性道路让分析变成某个情节中的某个片段的主体道路间的不同。如果这个情节重复着性享乐的某种模式而没有改变的可能,那么在这种模式中,小他者——此处即分析家——则是让人痛苦或者使人狼狈的客体。

比如有一个三十多岁的男人,他是某个国际机构的法律翻译。奥利维·雷蒙想做一个分析,因为他被焦虑烧灼,他强烈地想知道自己是不是一个同性恋。他生活的一部分就是去认识各种男人,因为只有跟男人在一起时他才能感觉到某种激情。同时,他跟一个女人生活在一起,在他梦里,这个女人扮演着参与各种冒险的女性朋友角色,在这些冒险中,他面对着各种危险的动物。这个男人所面临的风险的特征是,当他开始分析的时候,他的性别认同问题已经被他清晰地提出来,这并不意味着他知道自己说了什么,也就是说这并不意味着他真正接受了他所宣称的矛盾:"可以肯定的是,当我在生活中有激情的时候,真正能让我意乱神迷的,只有男人:我既不想否认,也不想隐藏我的存在。这就是我来见您的原因。"转移的情势被描绘出来:这个男人要模糊地重启让他焦虑和让他确信的东西。而分析中,这种分裂可以继续存在,并且不会摧毁他。他的第一批梦确认了他所说的话:他看见一些小孩,赤身裸体地被关在一个笼子里,大人们的角色就是强迫这些孩子扮演粉色的猪,在笼子对面连起来的绳子上走钢丝。这是唯一允许的走出去的方式。另外一个在这个分析之初很有特点的梦:他和父亲、母亲在一个超市的停车场里。一个高大帅气的黑人,抢走了他母亲的包。他父亲什么也没做。他自己则追着小偷快跑。但他看到自己哭着跑回父母这边,含糊不清地说着话。他说了很多,关于自己的哭泣,关于在他与一个男人的关系中能够唤起他的激情和爱的东西:不充分的印象,在一个女人面前,一个小他者面前不能是一个男人的印象。这个男人的症状是,虽然他与一个女人生活在一起,他却不再能对女人有欲望。他的欲望结构在表面上是他在转移中重复的这种分裂:他要求我解决他的痛苦,还要确认表现为其结构的东西。很快,分析的可能条件在我看来是这样的:我不会就这个男人是同性恋还是在与女人关系中受到抑制的问题做结论。在我倾听他的方式中,我能支配的范围是很窄的,因为我知道他要把我放置在一个位置上,在这里他作为孩子看着母亲:这个母亲在她的工作中拥有一种象征性的权威,它奠定了他们之间从未被否认过的复杂性,同时,她是一位"神圣的女人"。在他的青春期,当她撞见她儿子和伙伴们玩男孩的活动①,她对他说——这也是他一直保留的关于她的记忆:"你没必要这样去扮演男人。"

他给我提供的知识允许治疗在干预的同时建构一种阻碍:对于没有任何东西会突然意外冒出这件事的阻碍。重复,取代了在分析中不能言说的东西,这是一个行为,其关键只能逐渐显现出来:这个男人在还没有真正下决定时就有了一个孩子,在分析期间,威胁着当他开始考虑这个孩子时引发某种不可战胜的焦虑的东西:他与一个成为母亲的女人的身体之间的关系是非常有问题的,他在看到血的时候晕倒了。但如果他可以预料到这个最初的恐惧,一个儿子的出生将会唤起他绝对想不到的、他的梦甚至他的噩梦也从来没有揭示过的某种东西:他父亲的形象更多的是具有吸引力的而不是被抹去的,就像直到那时他满意地说出来的那样。是他儿子创造

---

① 指手淫。——译注

的游戏将奥利维·雷蒙带到他自己的儿童的(也是成人的)性游戏当中,它们强迫他在焦虑中自问他的伴侣是谁。但他只是在一个梦之后问自己这个问题,在梦里突然冒出父亲的一句话:我们来玩拔兔子毛的游戏。

对于这个男人来说,从这个满足的体验(就像弗洛伊德所说的满足经历[Befriedigungserlebnis])开始创造其独特性的可能,落脚在我对他经历结束后的孤独的尊重上。在我的干预或者我倾听的方式中,所有作为某种保护、某种悲观性或者某种关于其性化立场的决定化知识的东西,都会使得历史材料的重新研究成为不可能。合理的想法是:存在着两种性,而且相较于分离,相较于知道他们拥有什么和没有什么的问题,男人们和女人们站在不同的位置上。要让始终未被确定的东西不断重复且再度上演未被决定的东西,对于这个男人来说是无法操作的。未被确定的东西是:这个男人是否无法忍受自己对母亲有欲望这个想法,还是他对母亲爱的承认必须把欲望朝向除了他以外的他人? 这个问题是我在听他说话时,在专注听他讲各种各样的梦时产生的问题。他试图用这些梦让我轮流相信两种"答案",因为在它们突出的交替性中,这个问题本身就太过广泛,以至于这个男人的分析无法成为一个事件。对这个分析中重复的东西的切近和远离,在其中创造出的独特性,其条件在于分析家对于分析者的身份悬置其确定的态度。

在这样一个治疗的过程中,独特性并非是主体融入无法回避的必要性并且否认它的方式,独特性存在于旨在重新开启某个问题的事件的偶然性(contingence)中。我们称为独特性的东西,是症状答案关闭了的问题的重启。在分析家方面,倾听的能力,就是将自己置于以下这一点上:不是所有东西都已经"被封闭",也就是说,必然重复的偶然性依旧存在于把病人生活结构化的东西当中。分析工作是否能够进行干预就依赖于此,分析家在预备性会谈中就可以评估出来。在病人方面,他对分析的参与,回到了重复他最怀疑的东西的风险中。至于是同性恋还是异性恋,是让分析工作成为可能的条件,如果这些条件没有结合起来,它们就会让分析工作变得不可能。

在奥利维·雷蒙的治疗中,在我一开始可以做出的评估中,在我看来这种新意足以让分析开展起来。实际上,这次治疗的事件,仅仅在他成为父亲这一意外事实发生之后才被说出。他赋予父亲的形象完全改变了,当他面对儿子的游戏时:后者在叫他的时候就会把毛绒鸭子玩具放到嘴里,而孩子的父亲,在参与游戏的时候,带他重新找到他自己父亲的创造,一边挠他痒痒一边哼着:"来,咱们来拔兔子毛……"这句话让他回到一系列关于动物的梦。他惊讶于自己在儿子游戏中的重要性,他发现,他唯一一次离开了与母亲感情融洽的世界,是受到了他认为的父亲引诱式的邀请。但是,与母亲的融洽已经形成,正如他所说的那样,以他的性为代价。回忆起他童年所缺失的离开,有一天他说出这样一句混乱的话:"我对他的性器的自豪转到了别的(东西)上面(J'ai transformé sur un autre la fierté de son sexe)。"①他对刚刚说出的那个主有形容词感到窘迫,不知道如何继续。于是我跟他谈论起这种孤独的特质,在我看来他需要用它来开启接下来的话。在这次会谈的后一次治疗中,他用一个转移的梦来作出回答,这个梦的直接特征让我先咳嗽了起来:他跟一个童年时期的朋友在缆车上,缆车逐渐升起,他朋友让他发现了美妙的森林内景,那儿到处是不认识的动物和鸟类。在第二个梦里,他看到自己正在压碎一只老水貂的头,要换上一只非常年轻的水貂。关于水貂,他联想到一个笑话,是第一个梦里的那个朋友给他讲的:两只水貂在犹豫要不要从妈妈肚子里出来,双胞胎中的一个决定先出去侦查。他回来后告诉另外那只说:"我们可以出

---

① 正如文中所说,这个句子的句意和结构是混乱的,是多个元素凝缩的后果。此处的主有形容词"他的"指代也是模糊的,是父亲的、母亲的、朋友的,还是雷蒙自己的?语误的歧义性让更多的无意识材料得以浮现。作者说她从未完全理解这句话。但这个谜语般的句子的突冒使分析者展开了童年许多记忆。这个例子也让我们看到精神分析最终并不追寻意义的解析,而在于是否唤起新的能指。——译注

去啦！虽然远方冷飕飕的,但出口那儿可舒服了,又黄又软又暖和!"奥利维·雷蒙自豪地给他母亲复述了这个笑话。她并没有觉得好笑,并且现在又重新唤起了他强烈的羞耻感:"我觉得自己太天真了,没能料到这会让我母亲感到不高兴。"他突然"现实化"了他穿着母亲的皮毛大衣的生动记忆,在他与动物们的游戏中——从关在笼子里的粉色猪,到梦里的朋友向他指出的那些经过美丽鸟儿的水貂——嘲笑他自己的东西。于是他回到最近语误的和谐中:"我对他的性器的自豪转到了别的(东西)上面。"

精神分析中的独特性,在句子确切的连贯中确定下来,这些句子在分析的决定性时刻,出现在分析者的口中。只存在"留下痕迹"的句子,我们可以这样说。在生活和转移中被不自知地重复的东西的必要性和重新打开未实现之物的话语的偶然性之间,在作为一直等待自我的东西的关键的性元素中,勾勒并确定了一个"主体我"。

性化的问题是我们内心生活的一种快乐体验,可以用两种方式来表达:作为与某种法律的对抗,或者作为一个关于解决方式的永恒提问,它总是部分开放着。在第一种方式上,人类的独特性,在他面对、拒绝或者回避对男人或女人进行定义的方式中起作用。我们可以说,这个选择拥有法律的所有特点,即我们不能逃避,但却又不停地想要逃避它。在切实的康德的意义上:所有人类都面临选择,甚至是所谓的定义了普遍性的"所有人"的选择,所有人都有一种根本性的偏好——对道德法律的承认像影子一样伴随着它——在确定性中去创造能让人们逃离选择的一些设置。从涉及天使性别的神学,到那些充斥城市中某些街区的出售性受虐配件的商店;到精神分析家的工作室,幸由转移,无穷无尽的主体路线在这些地方形成并重复;根据不同情况,性化呈现为一种以浮夸的、沉默的或者质问的方式建构的分享。将性化表达为必需的不便,在康德的意义上停留在被许可与被禁止之物的色情化的立场中,而分析的治疗正是试图去转化这些禁止的约束。鉴于问题的持续性,我们还可以说,性别差异的经验具有不可逃离性。一般我在介绍精神分析领域及其关键的时候不会引用德勒兹,但是这个文本是个例外,它非常具有启发性:"问题和难题并不是完全临时的、经验主体一时疏忽的思辨活动……出生和死亡,性的差异在成为简单对立的术语之前,首先是某些问题中复杂的主题。"(《差异与重复》,PUF,第141页)通过这个细致又无止境的工作而展开了我们幻想的独特性,我们只能赞叹德勒兹另一个观点的确切性:"在所有的问题、所有的难题中,似乎在它们与答案有关的超越性(transcendance)中,

在其通过解决方式的坚持中,在它们坚持自身裂缝的方式中,一定存在着某种疯狂。"(同上,第142页)

"性关系不存在"?

在本书目前的进程上,还要谈论临床,也许有些迟了。但我还是尝试以这种方式回到一个关于爱情关系与性关系的格言上,其流传范围远远超出了精神分析的圈子,也契合某种精神分析的观点:"性关系不存在。"拉康的这句俏皮话似乎同时总结了建立在治疗教育之上和建立在道德家笔下涉及爱情幻觉东西之上的方法怀疑主义。然而,矛盾的是,一心想为人类性欲带来新鲜事物的精神分析,又回到平庸的理念上:在爱情中人们总是孤独的,性是令人失望的。

在拉康未发表的《幻想的逻辑》讨论班(1967)里,一篇题为《晕头转向》(1973)的极难阅读的作品中,当拉康抛出这个表达式时,他想要说什么呢? 首先,根据他的表述,是人类,是"言在"(parlêtres)[①],不会在性行为中与其欲望客体(对象)相遇,而只会与小他者相遇,小他者激起了这个欲望,对人类而

[①] 拉康创造的词语:是言说(parler)和存在(être)两个词的凝缩,强调人是作为言说的存在,以及言说的相对于想象、符号的实在维度。声音上可以听到"言说"(parler)、"字母"(lettre)和存在(L'être)。——译注

言小他者似乎包含着一个宝库。欲望的客体永远不可能是完整性的工具,由于小他者,性活动可能成为经验。遇见的小他者更多的是应对大他者的机会,也就是说要应对带来享乐的旁边之人的晦涩面。小他者中被觊觎的客体因此代表着对于主体自己来说也无法领会的部分,性的相遇通过其永远不可满足的部分确认了这一无法领会的部分。这个客体让主体面对建构了他又逃离了他的东西,因此没有任何一个小他者可以让主体得到满足,即便性行为让主体有满足的幻觉。另外,客体不仅与性行为相关,也与其本身就是作为重复而独自开展的性行为相关。对于拉康而言,比起与客体相遇,更多的是主体内心相遇。以其独特方式,它是欲望的原因,它总是回到大他者的特征上,大他者是具有救助性质又陌生的力量,我们欲望的故事强调了它。我们在某个小他者中幻想出这些特征,当我们恋爱时,我们就因性享乐而迷失其中,因为我们无法形成一个与之相关的知识。客体包含了对于我们而言是实在的大他者的特征,客体的时刻连接了一体的幻觉,其承载者是性行为。在分析中则相反,通过赋予分析家我们平常在欲望的客体中幻想的东西,我们最终能够抵达那些让我们产生渴望的一切的结构,而这是因为分析家-大他者不回应转移的爱而打破了幻觉。在爱情生活中,是失望感打破了幻觉;而在治疗中,打破幻觉的是分析家让某种知识取代性享乐成为可能的功能。性行为并非因此是与小他者的相遇,也不是与另一性的相遇。伴侣中的每一个人在相互的交集中,面对的更多是他自己的分裂。小他者既不能通过行为也不能通过他给出的或者他体验到的快乐,去终结主体的分裂。说到底,体验到的快乐什么都不是,它标志着爱情中的幻觉时刻。在其爱情理论中,拉康总是从我们欲望的结构出发。他展示了在一个模式上决定我们欲望模式的东西,而转移的模式隔离出这个结构,并允许了之前分配给大他者的知识。但在根本上,这个与大他者的关系结构极少涉及快乐、焦虑和不快。当然,焦虑标志着在一种经验中对大他者的某些特征的接近,这些特征形成了主体的欲望,同时,在欲望的结构和快乐的现象之间,隔着遥远的距离。所谓拉康谈论的性保留在弗洛伊德的意义上,意味着在阴茎的勃起和萎缩之间,实在地体验到快乐的交替,而这个交替与语言现象中的交替(弗洛伊德孙子玩的fort-da[去/来]游戏)是一致的。正是通过这种让某些身体现象成为能指的能力,快乐/不快与缺失的问题联系了起来,在此处即是欲望客体的在场和缺席的问题,欲望在语言中找到了真正的展开之地。如果我们把这个建构了我们的内部交替的维度称为"无意识",那么在这个视角上,我们会说:**无意识**不是性的,即使在我们的梦、我们的症状以及我们存在的建构中,某些材料是性的。具有主体性且独特的东西,是我们与大他者关系的形式,它在自我中并不是快乐/不快。另外,我们会在前文的字里行间,发现拉康谈论的更多的是欲望而不是快乐。但是他的思想是具有逻辑的:在爱情生活中,性的不满足是一种现象,它将知识在分析中形成的东西送回到没有任何客体可带来满足的事实中,送回到性关系不存在的事实中,因为它悬置了欲望的实现。

这个思想非常具有逻辑,前提是通过缺失——客体的缺失,性之间完整性的缺失,欲望主体特有的能指结构的内在缺失,快乐和语言之间衔接的缺失——将一切统一起来。所有这些可以一言蔽之:"性关系不存在。"也许,对于考虑问题的复杂性来说,这个理论确实太具有逻辑性了。正是为了加以评价,我将举出最后一个例子。

让我们回到对安娜-玛丽·特蕾丝①的分析中,在她分析的第六个年头,也就是在我们谈论过的时期之前。治疗在两个相反的计划中进行着:第一个计划涉及分析特蕾丝与她父亲的关系。她拥有的许多情人都以后者为模型,这些认同包含了童年时期的一种强烈而失望的爱。在她成年的生活中,她珍藏着对这份爱的坚信:她确信自己无法取悦男人,她身上

---

① 见第五章"性的区分"。——译注

总是显露出某种让男人们远离她的东西。然而,与此同时,转移在弗洛伊德命名为敌意的色情转移领域中展开,并被限制在了话语可能性的范围内。分析的过程笼罩在一片沉重的氛围中。让这名年轻女性来分析的,是夫妻情感的失败,对她来说它呈现出一种崩溃的态势,她既不能走出困境,又无法了解它的来龙去脉。失败的情节乃是一个经典的情景:她给她丈夫介绍了她自己的一位女性朋友,这个人后来成为他的新妻子。她制造了具有压倒性痛苦的体验,这让她的全部生活突然变得毫无意义,她自问,为什么在她事业中一直支撑她的东西——她赋予自己的男性角色——不起作用了。而在这段时间里,在转移中,一种无法言说的恐怖逐渐展开。安娜-玛丽·特蕾丝通常对自己有一种特别的确信,在分析中,她总是一副温驯且易受惊吓的样子;当她没法来做分析的时候,她从来不敢询问,而且我尝试向她询问关于她毫无渴望的情况这件事,也完全无法松开制约住她的那把钳子。有些时候,我自己也被关在了这个恐惧的系统中,处于施虐者的位置上。

有一天,她谈论起一个关于十字路口的梦,她将这十字路口和她想成为精神分析家的犹豫联系在了一起,我故意对她说:"您没有找到路。"但这仅仅确认了她将我安置在一个恐怖的位置上,却没办法让她说出这种臣服的关键问题。不久以后,这名分析者暂时离开了,差不多一年以后她重新回来,来谈论对她而言恐怖的转移经验。她说,这次让她回来的,是通过中断分析的行为去说"不"的事实——她要向那些她无法命名的毁灭性的情景说"不"——让她重新找到了坠入爱情的可能性。现在她感觉这份爱情同样也是一种自我防卫,对她来说,用于一起对抗她与她重新出现的母亲(包括我)之间的关系的危险。

在分析中断期间,特蕾丝反复做一些梦,梦中,她的前夫和另一个女人在一起,而她自己则在一个医疗小组里面,她把自己吹得天花乱坠,企图说服同事们相信她知道一个卧床不起的病人的病因。她敏锐地发现,在这个梦中,为了逃避某种谵妄性的嫉妒,她把自己放在了一个盛气凌人的位置上,有点像那个我在前一章谈论过的做书籍装帧的女病人。而与此同时,那个卧床不起的人也许就是她本人。另外,分析的暂时中断与第一次外遇的时间相吻合。她的焦虑转化成了一种对某个男人非常色情化的求爱,而那个男人对她浓烈的情感感到害怕,并终结了他们之间的关系。

现在我要讲的两个梦发生在这次外遇失败之后,特蕾丝甘于这次失败,她没有再寻找其他的男人。出现在特蕾丝梦中的男人形象因此有三个:丈夫,与他的关系尚未完全中断;而后就是两个情人。在决定分开的那段日子里,丈夫对妻子的忠诚感到不安,也许是因为对是否与她分开感到犹豫,他告诉她,过去多年中曾经跟他俩的一个共同朋友的妻子有过外遇。因此,丈夫再次搅动起一个具有创伤意义的点。在迷茫的日子中,长久支撑着她与丈夫关系的东西消失了,我的分析者给这位曾经的女性朋友写信讲述了她的恨意。然后做了下面这个梦:在一个"放荡的聚会"上,她舔了那个女人的性器官。然而在梦中,同样重要的是她有一种非常具体的感受,她对这个女人的性器官的关系,和最后那个男人对她自己的性器官的关系是一样的。坦率地说,这个男人给她带来了前所未有的愉悦体验——或者说她从中只感受到了第一次私通的一个短暂的萌芽——她从未胆敢和丈夫一起体验过,现在她才意识到,让她深陷于嫉妒迷失中的东西与这个冲动是如此接近。她开始可以接受自己变得有"一点点复杂",但是在这个迷失阶段的初期,她已经放弃去见她的情人了,她丈夫前女友的魅力、混合着恐惧的魅力使她分身乏术,而现在她可以在治疗中谈论这种恐惧。

然而,她的情人拒绝分手。他给她写了一张明信片,明信片背面是他们一起在锡耶纳(Sienne)看过的一幅洛伦泽蒂(Ambrogio Lorenzetti)的绘画,画上是一条回到港口的小船,平静地系泊在一个小湾里,等待着搭乘的人。这个男人给她写道:"你的性器(sexe)是我的欲望之地。"被这封书信所震惊的特蕾丝做了下面这个梦:她去看医生,医生把周围的毛拔掉后发现这个器官像一个肿瘤。那儿有一个叫洛·沙特尔(Laure Chatel)的女人,谈论着男女之间困难的关系。在她的联想中,"肿瘤"让她联想到第二个梦中有杀死旧情敌的欲望①,也联系到自己的性器官,她说,自从她放弃与情人的会面之后,她的性器官就死了。在分析了这个梦之后,她重新去见这个男人。肿瘤的疾病,还回溯到她在婚外情中体验到的强烈的负罪感,这让她害怕会得癌症。这个肿瘤,她补充说,和她情人寄来的明信片上的那只船的形状正好一模一样。另外,在后两个梦中还有一点联系,因为这两个梦中她的性器官裸露出来,没有体毛。这让她想到她曾经说给情人的一句话:"跟你在一起,我既是小女孩又是女人。"最后,在她分析转折点上的最后一个重要元素是,拔掉体毛让她想到一个在治疗中的"好笑的念头",它经常出现但从不敢说出口,她对自己说,我(分析家)的腿好像竿子啊。现在,她回忆起一个非常久远的画面,她用母亲的镊子拔母亲腿上的毛。这个童年的白

---

① 在写信表达了对朋友的恨意后做了第二个梦,"舔情敌的性器官"与死亡和暴力联系起来,此处的特蕾丝占据着主动的、男性的位置;而且她自己说不见情人之后,她的性器官就"死去"了。因此这个色情场景是一个攻击和摧毁的表达。第三个梦"肿瘤梦"进一步让梦者明白第二梦的隐意,也为后续分析的转折点中谈论与母亲的施虐色情关系提供了机会。——译注

日梦在月经初潮时经常重新出现,当她母亲试图教她使用卫生巾时——她突然问,那是船还是肿瘤?青春期的时候,她激烈地回绝了母亲的所有建议,当她觉得非常尴尬时,便借口说这些东西她都知道了。关于断然回绝母亲的语气的回忆,似乎为第一个梦提供了巧妙的补充,在那个梦里她为了掩盖嫉妒的痛苦而在同事面前特意强调自己的医学学识。

她不再回避与其性器上的情人的嘴相联系的快乐,被情人在身体上暴力唤醒并转化的拔毛幻想的细节因此也让口腔施虐的色情活动发挥了作用。但只有现在,享乐对于他才成为可能,因为在治疗中,她可以不再取消对另一个女人的吸引和恨,而是去面对。她自己勾勒出在沉默中感受到的转移性质的恐惧形象,这种恐惧甚至导致分析的中断。另外,这种恐惧通过她认识到的与母亲的施虐关系和作为男人的暴力欲望对象的快乐之间的联系而被色情化。最后的这些念头与第二个梦中的那个姓氏"沙特尔"(Chatel)挂钩。她将其拆解为"聊-她"(Chatte-elle),指示了她朝着说话的那个女人,男女关系的专家。奇怪的是,她不再害怕说出她把我当作什么,更不再害怕成为同性恋。但她自己也在问,为什么她梦中 Chatel 的这个姓氏会忽略"他",即她的情人,在她现在的生活里,他是与她对自己性器官的发现相关的。这个治疗片段让我们理解什么是精神分析的弹性:它标志了我称之为转折点的东西,在治疗中或者是在特蕾丝的生活中,因为在转移的活动中,某些元素被调动起来,这些元素将她当下的生活与言说搬入了某种与她的故事的具体关系中。精神分析解释的有效性以某种具体的关系为条件,正如我们在众多个案中看到的那样,这种具体的关系建立在冲突的非现实性和转移细节的现实性之间,这些冲突,因为它们相互影响,经常会被消解。如果说一场分析是一个长期的过程,那是因为这些关系的整体需要时间在具体中建构起来,然后才可以被(男男女女的)分析者意识到。

这些元素当然涉及各种各样的冲动,即快乐的、不快的和焦虑的身体,它们色情的地点进入到符号化的多样关系中,符号化是在"符"(sumbolon)的具体意义上,我们已经在第四章中涉及到的。冲动是一个场地,对于一个人来说,是他的独特身份与决定性的相异性形式之间关系展开的场地。这才是我们命名为性欲的东西。

然而这个例子让我们厘清了另外一个点,我们一开始就在反思它:在无意识中,即内在于所谓"我们自己"的分裂中,到底什么才是性的?什么标志了我们相对于相异性形式的依赖性?正是在对这个问题的回答中,拉康是表面的,在说"性关系不存在"的时候。正如性化的爱不是填满了我们并将爱与欲望统一起来的小他者最终承认的发现,同样在每个人类个体内在相异性的结构与身体中被体验的快乐/不快的维度之间,不存在同一性(identité)。对于拉康来说,如果性关系①(relation sexuelle)存在,就意味着每个性别的主体在小他者上触及到他与建构性的相异性的关系的本质,就意味着对于小他者来说被体验到的爱,关键是拥有这份认知。然而拉康把确实属于性的无意识材料,和在梦中、在症状中、在话语中被讲述的东西区分开来,它们涉及的更多是语言而非快乐。然而,特蕾丝的例子允许我们进一步了解到,在快乐和焦虑的秩序中起作用的东西,与内在相异性的结构有着非常确切的关系,这个相异性在她一开始不知道的情况下构成了她。只要明确冲动在生活中和分析中并不以相同模式存在,她欲望的风格和她冲动的命运,就是一个整体。这个女病人说得很到位,当她重见分析家时,就在治疗中断令人焦虑的状况和重新找到"陷入爱情"的可能性之间建立了一种关系,而治疗的中断是由我的干预的暴力性所激发的。这意味着,调动我们与其他邻近者关系的东西,带着我们自身的警戒区域。比如,与寄给她一张明信片的男人的关系,只有在因为她改变了与

---

① 此处原文是 relation sexuelle 而非拉康所说的 rapport sexuel[性关系],这里是日常语言中的"发生性行为"的意思,因此是与小他者之间的关系。——译注

母亲关联中所有施虐的部分时,她与男人的这段关系才是具有决定性的,并且在她对情人的强烈欲望中被唤醒和转化。而这个位移对于她来说是可能且可以忍受的,因为这个施虐,重新在转移中出现——"您有着竿子一样的腿"——开始被承认,也可以被言说。如此一来,快乐,甚至是暴力的快乐,也不再与她冲动生活的施虐维度相混淆。但也正是她的故事中某个决定性成分,在她的快乐中起着作用。与此相关,生活中的艳遇在她自己这些确切的点上鼓动着她,即便它们的模式是某物带来的惊奇,而这个某物来自未知的小他者。

当然,我可以详述这一整个治疗阶段而丝毫不提及那个男人,即便他深深撼动了她身上将她建构起来的某些元素。在这个意义上,在爱情中,的确没有"耶稣"般的小他者。小他者不是被如此期待并且最终被承认的救世主。然而,来自大他者的东西还涉及到将其建构的独特性中的主体。这个事件虽然在快乐的元素里展开,但不一定意味着快乐仅仅是用客体将其填充起来的一个完整幻觉。快乐也是一个独特性发挥作用并被说出来的场地。只有当独特性不那么拒绝源于外在的内在相异性时,它才成为有效的。内在相异性由来自外在的可以激发欲望、记录在冲动的命运中的客体所造成。客体实际上,当拉康抛出"性关系不存在"时,他也许提前统合了自身错位的两个方面:实现于爱情生活中的方面,表明于转移情况中的方面。如果我们用欲望本身的缺失对整件事进行概括的话,实际上,爱情生活由合为一体的幻觉组成,而转移能让我们抵达这幻觉的知识。但是这种说法忽视了这一点:缺失在性欲和转移中并不具有同样的形式。缺失的术语过于绝对,而我更倾向于使用术语"错位"(inadéquation):在性活动中,缺失本质性地出现在大他者的回应或创举的偶然性上。弗洛伊德也强调了这点,他说旁人具有威胁性,是因为他具有救助性。性欲中涉及在《大纲》中讲到的"旁人"(Nebenmensch),涉及我们自身的某种持有者的力量,我们在性的享乐中依赖着它。因此,错位,在性生活中,在大他者的回应的偶然性里起作用。当一个小他者让人享乐,并由此满足记录在前者主体故事中的某个重要东西时,也似乎总是出于偶然或奇迹,我们从来就不知道为什么如此顺利,因为错位在于激起享乐的一切的不可控的特征——我们已经看到,不可控并不意味着非理性。同样,当性享乐没有缺陷时,它在一个决定性的点上以一种无法被简约为任何知识的偶然模式建构了主体的某种东西。惊喜在这里就是经验的成分,因为大他者,本质性上是享乐的偶然。这也是为什么重要的性经验在人类存在当中,并不能永远存在,或者很难承担起连续性。自从人类个体可以相信,他开始认识救助性大他者的晦涩面,这个小他者就不再让他享乐了。这种爱情生活的困难,正如我们所知,是不可回避的。这完全无法阻止我们去谈论性的相遇,但既不意味着我们知道自己遇见了谁,也不意味着小他者让人享乐,如同拉康在他的小句子里所说的,而仅仅意味着这在主体抵达他自己独特性的过程中是不可替代的。

在精神分析的治疗中,自身与自身之间的错位有另外一种形式,我曾说:我们与之说话的大他者的未知,是去面对旁人的晦涩面。错位在此处与其说是回应的偶然性,不如说更多的是朝向我们担心的自身的未知的抵达。这就是分析的规则所允许的东西:性行为的节制,和说出所有想法的事实。让我们再思考对于特蕾丝而言,这个转移可怕的一面,有一天我对她脱口而出:"您没有找着路。"在她自己的施虐当中让她如此害怕的东西,并且为她的生活同时施加了过多控制和过多保留的东西,只有借助于对那时在她面前出现之物的重复时才可以被理解。分析家始终要去辨认她被抓入分析者的重复中的方式,宁可通过与分析者所处的位置相区别,也好过在治疗中什么都不做。转移旨在向我们无法辨认轮廓的大他者说话,但是我们与他说话就是为了去辨认它的轮廓。分析家的角色是通过话语,通过分析者给他说的话,让分析者有所觉察,而不是让分析者在毫不知情的情况下与他说话,分析家,至少要显示出自己角色的一部分特征。同样在分析中,涉及的并非无关系(non-rapport),而是在误解中的停留,这个误解使得被转移建构起来的地点的非对称性成为可能。

因此,我们就不能毫无差别地说性关系不存在。诚然,在最终和解的温情和欲望当中,爱情并不是对小他者的开放。事实是,在我们的幻想当中定义了我们自己的东西,绝不是纯粹的唯我论。相异性,在精神分析和爱情生活中,是中断了快乐目标的幻想特性的东西。我们不能在一无所知的情况下,不去幻想建构我们的大他者的特征。现实中别的某些相遇唤醒了我们身上的这个未知部分,它只能从某个异于我们自身的原发地出发才能被暴露出来,因为这个发端是在我们的控制之外的。当然这些小他者不同于它们在我们身上激发的东西。但是只有在它们让我们离开将其囊括在内的梦或者噩梦的时候,我们才能辨认出它们。快乐原则,就是倾向于相似地对待大他者以及大他者在性快乐中产生的揭示我们自身的效应。但同时,性的满足和不满足之间的关系、爱情生活中建构性的误解,以及在转移中的分析家通过他的干预让人理解的事实——他没有从我们所期待的地方开始倾听我们——这一切使精神分析成了一个相异性的实验室。在许多年中,我们经常说,对一个孩子来说,母亲是通过她的缺席而成为实在的,因为她让他想念。然而同样也有许多其他方式,对于一个母亲或者完全不同的人而言,与我们的期待相区分,阻碍投注给她的全能的愿望:也就是站在我们期待之处以外的地方。

现实原则的建构包括这个快乐内部的体验。

还有一句话让我们理解精神分析：在幻想中、在全能失败中寻找相异性的观点，即使它仅仅是临床性质的，也有可能受到了女性幻想的支持。分析习惯于此：即便我们思考不同于自身的东西，也逃不出自己的幻想。同样，我们也看到了在男人性欲中，与石祖阴茎的重叠相关的自恋让一个女人的相异性成为某种难以表达的东西；同样，在某些女性位置上也许存在着对大他者的呼唤，其中包括受大他者晦涩面所引诱的受虐维度，它突出了幻想。我们不想通过制造幻想的经济学来进入性的实在，然而，转移的分析使某些对幻想的穿越成为可能，而穿越也让人得以谈论异于自身的某种东西。

结论
精神分析不是一门哲学

通过介绍我所认为的处于精神分析中心地位的新东西，我投身于一场棘手的实践中。我被置入一个看似具有约束性的视角：精神分析的领域，是快乐、不快乐和焦虑的逻辑与人类独特性形成之间的关系。它假设了在快乐的过度中存在着一种快乐的合理性，这把精神分析与所有快乐哲学区别开来。它也同样假设了存在着这些过程的逻辑，它们不根据目标去实现功能最优化或理性。唯一存在的逻辑并不是认识的逻辑或者计划好的行动逻辑。

我们尚未充分估量出弗洛伊德的果敢：他在 1900 年出版的《释梦》中就指出存在着梦的思想，我们可以研究它的规则、形成规律、风格，以及在我们的最特别的期待中形成的东西。然而，为了澄清梦的理性不同于清醒的理性，需要在括号中补充一些虚假的不证自明的东西,某些所谓的常识甚至现代科学就建立在它们之上:人生来就是为了认识他周围的世界,当人们通过一种成熟的语言靠近世界开始,现实可以被自然而然地认识;当然更不用说,人天生就是为了改造我们的世界或者这个环境,情感和认识也有完全不同的功能。在精神分析中,完全不存在对这种想象的辩护,只存在去理解实在某个方面的被转化为方法的决心:人类独特性在快乐和不快乐领域中的形成。我们试图周期性地把弗洛伊德变为一种与他的历史环境相关的思想、一个德国理想主义的样板、存在的一种浪漫的或悲剧性的概念样板,此存在也可能被黑格尔、谢林、荷尔德林所阐明。或者,我们甚至将弗洛伊德当成一个把灵魂现象简化为赫尔姆霍茨的热力学原则的科学家,一个把他的个体化概念记录在那个时代关于种系发生学和个体发育学的生物学认识中的科学家。我们也经常把弗洛伊德当作一个犹太法典的信奉者,他可能只是把经典的犹太科学延伸到了文化和医学的领域当中而已。诚然,弗洛伊德是博学的,也提出了一些由对峙定义的概念。但我们很清楚他为什么和哲学家对峙,他急切需要一个学者的名头,虽然他被当成一个科学家;我们也清楚为什么他和学者或医生对峙,他肯定了艺术家在他之前就发现了他称之为无意识(l'InConscient)的东西,在他们将其做成作品之后,弗洛伊德并没有提出要像在经验科学时代中的一门学科一般,将无意识这个独特性和快乐命运之间的关系独立出来。在弗洛伊德的这种策略中，涉及的是同时在实践上和理论上实现抵达某种特殊实在的可能性。

这种进路的处理带来许多哲学上的后果，但其本身并没有建构起一种哲学：就拿精神分析涉及的相异性来举例，比较一下这种路径和两个哲学家的路径，即列维纳斯（Emmanuel Levinas）以及对列维纳斯有所批判的巴迪欧（Alain Badiou）。前者在众多著作中，尤其是在《总体与无限》（*Totalité et infini*），在《时间与他者》（*Le temps et l'Autre*）和《别样于存在，或者超越本质》（*Autrement qu'être, ou Au-delà de l'essence*）当中，建议用伦理学而不是本体论来重新定义哲学。

列维纳斯在对海德格尔的一个有趣的批评中指出，哲学自古希腊以来，总是专注于思考存在和本质（nature），它表现出无法描述人类的现实，因为它是由对我们中每个人经由他人获得人性这件事的质询建构而成的：在对面容的经验中，他人与我们相关，但他远远超过我们的意识和控制所能够重构的东西。他尤其批判海德格尔，只知道在与不真实存在联成一体的匿名人称"人们"（on）的形式下，把他人引入对人类现实的描述中。对于他这样一个把语言和存在联系起来以建构关于人之理念的哲学家而言，想让人离开语言和存在之间无尽纠缠的藩篱，唯一的途径就是去指出这个藩篱是由"向死的存在"(l'être-pour-la-mort)所构成的。死亡被当作存在和所有思想的彼岸,它是走出本体论封闭领域的唯一方式。要么是存在,要么是纠缠着存在的虚无,就像在海德格尔之后的萨特又再次说到的那样。列维纳斯强调了存在概念的贫乏,其中唯一可构想的相异性是"无"(rien)的相异性、"向死的存在"的相异性。他把"人们"的去人格性变成无法对相对于自我而言的他人的矛盾现实进行思考的症状。根据列维纳斯,这现实之所以矛盾,是因为它必须脱离"同"(Même)与"异"(l'Autre)的古希腊式的分类,还要脱离主体的现代分类,因为有意识而自由的、有责任感的主体。然而,如果是一个他者以最接近我的程度与我相关,列维纳斯说,那么这是"超过所有失败的自我的背叛"[1]。列维纳斯作为创始者提出了关于责任的经验,比如一个人对另一个人的替代,或者作为别人人质的经验,在这经验中,他人强加了与实在的现实完全不同的东西:"这是强制性的,因为是他者,因为这种相异性要求我承担所有的贫乏和赢弱。"[2]

现在让我们转向一个哲学家,即阿兰·巴迪欧,他在《伦理学:论恶的理解》当中批判了列维纳斯。巴迪欧在列维纳斯

---

[1] 《别于存在或者超越本质》,单行本,第35页。
[2] 同上。

对他人的现象分析中,探测到一种关于他者相异性的未被证明的坚决主张:有趣的是,他在此处援用精神分析,确认了由于他人从来就没有足够的一样,从而没有理由把相异性现象作为人类现实的建构性因素。他参考了拉康的话,拉康说当儿童察看他在镜中的形象时,他对自己稳定客观的形象有多少迷恋,就对小他者有多少迷醉。因此巴迪欧利用《作为发动主体功能的镜子阶段》[①]来反对列维纳斯所谓的临近现象,说它完全不是人类经验的一种普遍结构。列维纳斯错误地将相异性的理由归于神学而非哲学,实际上,他让相异性的人类经验建立在希伯来圣经中上帝的绝对相异性的宗教经验之上。在这个小他者背后,我们发现了"完整-大他者"(Tout-Autre),即与子民交流的上帝,他始终不可简化为一个存在。如果我们停留在人类经验的描述中,就会发现,小他者有多么相似就有多么不同。而对我们自己来说,我们自己就是一个同类,虽然这种对自身完整性与统一性的激情避免了回到攻击性中的主体缺陷。

如果巴迪欧批判列维纳斯,是因为当他在处理爱和欲望的时候,实际上在怀疑相异性。在这位哲学家思想的系统性中,爱就是真相的一个程序。也就是说,他从一个产生新事物

---

① 雅克·拉康,《文集》,门槛出版社,1966。

的事件出发,描摹出这种特殊存在的形式,从真相的角度出发,这种形式存在着两个永无交点的版本:关系中的两个伴侣永远不会以同样的方式讲述他们的故事。这种在真相产生过程中的分歧正是爱和欲望带给真相的影响。一个真理[①]能够有所分歧地产生出来。阿兰·巴迪欧说,但这并没有产生相异性的经验,因为真理,并不是每个伴侣的叙述,而是这个事实:实在的两者之间发生的一切就分为两个版本。在其必然性中,爱为真理带来了二者(le Deux)。

那么我们作为精神分析家,对于这个论战有什么看法呢?人们并非以真理的名义决定去召集或远离相异性的概念。巴迪欧和列维纳斯的共同之处在于,他们的任务是重新定义真理,就像把伦理学提升到本体论之外,或者类似于发扬出一种数学的本体论,从而可以放置它不包含的东西,即事件。这两位哲学家都重新研究了柏拉图的"同"和"异"的问题,于是最后也重新研究了相异性。但这不是精神分析所关注的东西,虽然它会遇见相异性的一切矛盾,其中还包括它们的逻辑领域。

确实,列维纳斯努力进行了某种激烈的反抗,他将神学引

---

① 原文为大写的 Vérite,即真相、真理。——译注

入哲学当中：为什么要在相异性经验的不同形式中，给予他命名为善意的东西以优先权？也就是说，给予对小他者的脸庞所发出的呼喊的发现以优先权，我不认识这小他者，然而我从中觉察到，让我成为小他者的同类的，是在责任感中，在一切控制之下，他替代了我，或者我替代了他。我们会注意到，在列维纳斯看来，为了这个替代能够进行，相关的小他者必须要么羸弱要么贫困。《别样于存在》记念的是那些死于集中营的犹太人，而它在马丁·尼霍夫(Martin Nijhoff)出版社的首个版本，也许是第一批思考纳粹后果的思想文献之一。

然而，我们描述过的各种情形，有时候会在梦和症状的材料中，以羞耻和侮辱的经历为参照，在这些情形中，没有什么东西会让人认为小他者的贫穷会是"赠与"的条件，就像我们在现象学中谈论的相异性一样。显而易见的是，此处展开的关于"旁人"主题的重要性，在我跟他相似的东西之中，在对我而言始终晦涩的东西之中，就在于让这些相异性的哲学与精神分析相对立。然而，弗洛伊德的 Nebenmensch 不是"同类"；法国术语中的"同类"在德语神学中是 der Nächste。另外，这个"旁人"也不是列维纳斯的"完整-大他者"：它只不过是逃离了我又建构了我的他者。它异于某些在我不知情的情况下造就了我的特征，从这些特征出发形成了一些客体，而这些客体就可以唤起我的快乐、不快、焦虑，因此还有我被分裂的身份。

最后,这部作品通过介绍精神分析赋予某种相异性经验形式以优先权,我乐意将其命名为对大他者晦涩面的热情。这部作品通过描述我们欲望的某个本质维度,进入到女性幻想中,女性幻想与受虐的组织非常接近,也就是说很接近某个特征,在建构了我们性身份的大他者形象中,这个特征将会引起我们的溃败,即使说在我们愿望的梦中表达里,我们也会与我们的噩梦相遇。一个精神分析的男理论家或者女理论家,首先当他(她)在解释自己关于这个实践的关键观点时,不会完全与他(她)自己的幻想相分离。同样,我们可以看到在精神分析中,石祖的问题是如何通过与男人的幻想保持联系,去考虑面对丧失时欲望的某种形式;同样,本书对朝向未知大他者的幻想的强调,也许是一种依赖于女性幻想轨迹的精神分析理论。正是这种主张将精神分析的话语与哲学的话语区分开来:一个男(女)精神分析家不相信一种辞说能够建构一种关于人的理论——康德问,什么是人?——除非他的问题有一部分是由他的幻想来打开的,也就是要知道当他思考时他在对着谁说话。这些虚构的和实在的对话者——一个哲学家以"普遍性的"方式思考时不停地与他们论战——也创造出如德勒兹所说的一个哲学家鲜活有趣的特征。而幻想是思想中的偶然(contingence)元素:正是因为出现在语误、梦、过失行为、症状和我们的爱情中的偶然性,才产生了从我们自身逃离的东西。精神分析的规则:"不加选择地说出浮现在你脑海的一切",不仅仅是为了暂时任由某些现象发生,虽然精神分析家和分析者后来掌握了这些现象的必要性。偶然性因此不是必然性的简单的消极面。正是由于这个表面的紊乱,某个人的分裂身份可能会经受风险,而获得对他进行构建的东西的方式,并非明白的解释或者认识,而是经验、体会和惊奇。

译 后 记

一 多面莫妮克

《精神分析：快乐与过度》是莫妮克(Monique David-Ménard)处于事业成熟阶段的一部作品。这个时期的她已经在精神分析的路上走过几十年风风雨雨。

2006年我通过法国弗洛伊德学会(SPF)主席纪尧马先生(Patrick Guyomard)的介绍认识了莫妮克。我很快发现，莫妮克和其他精神分析家不太一样。在她的指导下，我相继完成硕士和博士论文，对她的了解日益增多。

她并不是一位"纯粹"的拉康派精神分析家，但是一位足够"硬核"的拉康派。她的学问始于哲学。她睿智的头脑和批判性思维经常在讨论中敏锐地指出关键所在。精神分析家喜欢"解释",她则喜欢"提问"。她曾是保罗·利科的学生。现象学的前辈们希望这个优秀的年轻人能够继承他们的事业并将其发扬光大,可她却因为对精神分析的兴趣而转身投入"敌方"阵营。20世纪60年代的巴黎,现象学和精神分析是两条截然不同的路。

法国文化电台采访她对拉康的看法,她称"拉康就是拉康"。当她带着自己的音调说出这句话,我们听到这句话中多重的、复杂和矛盾的意味。拉康是独特的,但他是无法超越的吗?她永远怀疑、好奇和开放。她曾经是拉康的"巴黎精神分析学校"(EPF)的成员。她讲了一件小事:她有天晚上要为其他分析家作报告。她习惯在报告之前找地方看看自己写的提纲,整理一下思路,处理一下小小的紧张。那时候她已经是大学教授,但仍然会紧张。有个协会中的同事安慰她说,你应该给拉康写信,他会很高兴。莫妮克没有回应。她作报告不是为了拉康,做分析家也不是为了拉康。

投身精神分析是她对家庭创伤的回应。她是犹太人,父亲死于最后的犹太人集中营里。她说,作为分析家同时又作为大学里的哲学教授,我总是抱着让晦涩的东西更明晰的欲望。晦涩之物,既是对家庭代际创伤的理解,又是对她自己作为女人身份的理解。

作为老师的莫妮克是很严肃的。她的研讨班从来没有中途休息。第一次参加她的研讨时,我被参与者的多样性给震惊了,老老少少各种肤色的人济济一堂。她不下课,学生们听课也不休息,也没有人上厕所。大家非常安静,有一种课堂的神圣感。莫妮克的声音抑扬顿挫,她的法语并不好懂,即便是口语也是经过反复锤炼,有一种文言文的味道。每节课都是一小段文本:拉康、福柯、德勒兹……我从她的说话方式中听到了拉康的余音。莫妮克是跨界的,参与者也是跨界的。精神分析方向的学者占了大部分,其他还有性别、电影、精神病学、德勒兹和福柯的研究者……夏天她与巴特勒(Judith Butler)有一个性别研讨班,持续了六年,吸引了大量学生和学者来参与,巴黎七大的阶梯教室被挤得满当当。大家对一个很女性的人和另一个很中性的人之间的对话充满好奇。

每年夏天,在学期结束之后、暑假开始之前,莫妮克会把所有的学生邀请到她的家里,这既是一次派对又是一次重要的碰面。这时莫妮克是放松和愉悦的,但是作为她的学生,虽然对要放暑假感到开心,但是也意味着开学后要交文章,紧张和焦虑从来没有离开过。此时我们可以与课上来自世界各地形形色色的人有一些交流。我们相互认识、攀谈、聊我们共同的焦虑。莫妮克给我们准备了很好的红酒和点心。她的生活伴侣,快80岁的精神分析家弗朗索瓦·鲁斯唐(François

Roustang),颤颤巍巍地端给我们。我们一开始并不知道他就是那位很有名的哲学家和分析家。

二 快乐还是享乐？

这本书从 2015 年开始翻译,到现在已经工作了 4 年,难度当然可以想象。2018 年秋天第一稿完成,我自己修改了三次发给编辑,之后又根据出版社的意见修改了两次。

本书题目在法文的原文中叫 Tout le plaisir est pour moi。字面意思是:所有的快乐都是我的。这个题目既像是一种对快乐状态的描述,又像是一个骄傲的宣言:我就是应该拥有全部的快乐。莫妮克在序言中解释了这个短语的意思,一句日常话语中的客套话:我荣幸之至。从我们每天都使用的语言中,她注意到这个集中在快乐问题上的矛盾:作为生活必需的快乐怎样变得绝对化和过度的? 本是客气,何以又有一种争抢的意味?

"快乐"问题是本书的关键点。因为本书的法文题目具有歧义,直译到中文中读者们难以捕捉这个歧义,因此她建议把题目修改成"精神分析:快乐与过度"。她的"野心"从开始就态度分明:用几个精神分析的基本概念来谈论整个精神分析的框架,而落脚点在于"快乐"和不受控制的快乐。刚开始阅读本书时,觉得这个目的几乎难以实现,随着阅读的开展和线索的步步推进,不由得佩服莫妮克的构思之精巧,论述之严谨!她的确做到了为爱思考的读者介绍精神分析的工作,既介绍了精神分析本身的理论发展和建构,又做到了理论和临床的无缝衔接,还把精神分析与哲学两大门类的学科任务做了比较。她对弗洛伊德和拉康的逐字逐句的阅读,不迷信不盲从,也绝不为了批评而批评,精神分析的理论在她这里转化成过硬的逻辑和实践工作。

由于精神分析历史上《科学心理学大纲》的缺失,人们对精神分析的认识在某种程度上是以倒叙的方式:人们认为弗洛伊德是先从"梦"当中谈论满足和快乐的。整个《释梦》的过程,弗洛伊德都在讲"梦是对无意识欲望变形地达成"。通过满足无意识欲望,梦保护了我们的睡眠。因此,梦是快乐的。儿童的梦是这样,成人的梦亦然。这种观点导致了在临床中一种"缺啥补啥"的简单粗暴的实践。人们的神经症如果源于童年的不幸与爱的缺失,那么精神分析家的角色需要充当病人的第二个母亲,为他们修复受伤的心灵。很多分析家和咨询师就是这样做的,为病人提供无微不至的关怀和温情的理解。病人和咨询师都暂时感觉快乐,咨询师为自己的付出感动和骄傲。

实际上,从《大纲》开始,弗洛伊德就明确有着另外一条线索:他确切地写道,只要有足够的能量投注,刺激源头无论是内在还是外在,都会被意识系统觉察为真实。因此,满足客体最开始就是幻觉式的。到了 1920 年以后,弗洛伊德愈加发现这种补偿性的工作带来很多问题:病人似乎暂时得到了缓解,可是他们更依赖精神分析家,停留于退行状态,并且经常攻击他们的分析家,越来越不能理解他,滋养的"奶水"不够了。由"满足"带来的治疗模式很快被弗洛伊德质疑和抛弃,在一系列作品中表达了"客体不能带来满足,人真正的满足乃是不满足"这一观点。不论是对焦虑梦的阐释、对战争神经症的解释还是在长期罹患神经症而无法痊愈的患者身上,他都觉察到这种独特的存在。在人追求快乐的过程中,发生了某种变味,快乐成了痛苦。1931 年,弗洛伊德在《论女性性欲》一文中,已经使用了"全部的快乐"(volle Befriedigung der lust)一词,且正是在拉康的"享乐"的意义上。所以,仅仅为病人提供理解和滋养的爱是不够的,治疗的关键在于如何让病人看到自己与"完整快乐"的关系,并逐渐调整到与自身、与社会都可达成妥协的程度。因此,引入"禁止"和"规则",引入规则的方式尤其成为决定性的要素。

三 精神分析中的"性欲"与"性"的问题

快乐从来不是抽象的,它一定非常确切地与身体、与性联系在一起。因此莫妮克没有避重就轻,而是把性的问题放到了"快乐"问题的中心上。这就是我们每天在临床中听到的:人们不能有亲密关系,不能入职,不能结婚,不能离婚,不能有孩子,与孩子、丈夫、妻子、上司、下属处不好关系,不能有性生活,有性生活却没有快乐,如此等等。精神分析的临床告诉我们,从孩童开始的某个幻想阻止了我们自然地相互靠近,或者保持合适的距离。我们把它们称之为"幼儿性欲"。

本书中,莫妮克没有回顾弗洛伊德教我们的"幼儿性欲"的部分,可能为阅读增加了一定难度。在此我们需要厘清一些要点:

"幼儿性欲"是指孩子们为了回答"孩子从哪里来"这个问题建构起来的幻想式的理论。成人虽然知晓了所有的性知识,但在一定程度上会受到这种童年幻想的指引和影响。因此,虽然幼儿性理论是荒谬的,但它却是个人的真理。比如,人人有阴茎;孩子是从肛门或者肚脐里来的;性交是暴力行为;自己的出生无需父母等等。这些幻想又都联系着这样一个主题:阴茎。因此,阴茎成了精神分析理论中最核心的快乐客体。"阉割情结"是精神分析理论中的核心情结。

求学中途我多次产生疑问,为什么要使用"阉割"这么一个令人尴尬的术语,把阉割换成"分离"不行吗?也有一些弗洛伊德之后的儿童精神分析家把"阉割"等同于"分离"。我在工作了几年之后发现,"分离"虽然逃开一些尴尬,也回避掉了问题的实质。临床上的情况让我们看到男男女女就是围绕这个东西在讲自己,只不过他们谈论的这个东西是一个器官现实、幻想和社会价值的混合物。所以拉康不再使用"阴茎",而用"石祖"(phallus)替代了它。因此,每一个人,无论男女都拥有它,但是阉割让我们每个人并非百分百地拥有它。

神经症让我们清晰地看到快乐和禁止之间的关系,举本书中的例子:布尔乔亚拥有阴茎,但他并不能因此确认自己的男人身份,他在梦中是被动享乐的。布里吉特的快乐在于享受孤独,她需要别人完全地听命于她,比如阻止男人对她的追求,否则主动性的暴力就暴露了。她的认同是中性的。

"成为男人"和"成为女人"的道路各不相同,在这个过程中遇到的麻烦完全没有可比性和对称性。与中国传统的"阴阳"思想所体现的平衡与对称相比,精神分析中的"性"的问题是围绕着石祖的各自定位。"性"从来不是我们想象的那么确定。拉康把神经症描述为一个问题,而癔症的问题则是由"我是男人还是女人"所支撑。因此,我们只有如何与"他人"相处的问题。要在"男人"和"女人"之间写出一个关系或者函数等式,是不可能的。

四　女性性欲

本书还触及一个在弗洛伊德那里悬而未决的问题,即"女性性欲"(sexualité féminine)。弗洛伊德意识到自己的理论是从一个小男孩的角度出发的,他观察到小女孩和妈妈没有阴茎,想象着"被阉割"的可能性,这种恐惧让他放弃对母亲的爱的投注,转而认同父亲,形成超我,从而解决俄狄浦斯情结。小女孩的道路却不太一样。弗洛伊德每次谈到女性性欲的时候,几乎都在遗憾自己没弄明白。

虽然如此,弗洛伊德还是对女孩的道路有一个非常清晰的勾画。在成为女人的道路上,女孩必须完成两个任务:主导性感区域的变化,从阴蒂来到阴道;以及客体的变化,从母亲来到父亲。这个过程仍然是围绕"阉割"进行的,但由于男孩女孩面临的境况不同,他们的策略也不一样。从这个"被阉割者"的情景出发,女孩发展出三种可能性。第一种,对自己的阴蒂不满,放弃所有的石祖活动,放弃性欲;第二种,带着挑衅的自我确信紧紧抓住男性气质,抱着成为男人的幻想,有时候是超越男人,有时候成为同性恋;第三种,以父亲为客体,找到了通往俄狄浦斯情结的正常女性形式的道路(弗洛伊德,《女性性欲》,1931)。

弗洛伊德认为第一种情况是灾难性的,但他并不对第二种和第三种有任何价值判断,即他并不认为同性恋是一种症状。莫妮克认为第一种情况是弗洛伊德在当时资产阶级女性中得出的结论,仍需在其他阶层的女性临床中进行验证。然而在今天的社会我们能听到,大量的知识女性和职业女性抹杀了自己的性需要,要么投身于工作,要么出于其他理由。流行于社会的性冷淡需要让我们重视第一种可能性。一个没有欲望和碰撞的社会,后果是难以设想的。

在很多临床中,我们常常以为女性处于"恋父情结"中。她埋怨丈夫或男友不够优秀,比不上自己的父亲;或者在幻想中,遗憾自己没有给父亲生一个孩子;有时是处于他人夫妻间的三角关系中无法自拔。这些看似是"恋父情结"的遗留问题,实际多少都需要回溯至"母亲症结"中。在本书中,我们看到嫉妒到发狂的女病人(古书装帧师)的例子。她通过一个男人把自己置于与另一个女人的场景中,看似是与父亲关系的固着,实则是与母亲早期关系的重复。弗洛伊德的杜拉个案也是在类似的情况下,杜拉求助于"父亲"和K先生的情感,以掩盖她对K夫人的"同性恋式的暗流"。这个"暗流"可能是女人生命中最困难的境遇,拉康称之为女儿与母亲的相互"折磨"(ravage)。第六章安娜-玛丽·特蕾丝的几个梦详细地一步步展开这些幻想,在分析的转移中重复并回忆起关联于母亲的生活细节,展示出口腔的施虐冲动如何影响和决定着主体后来的感情生活。生命早期的关系何其重要,也最难厘清。

由于母亲和女儿并不似母亲和儿子之间的明确的禁止,母女之间相互认同相互支持相互纠缠也相互折磨。这个关系很难找到一个合适的距离,太近了有矛盾,太远则被视为背叛。所以客体如何从母亲转变为父亲?对母亲的绝望如何发生?是否仅仅因为对母亲将其生为女儿身的失望?在这个问题下滋生了现代许多女性学者关于绝望和抑郁的询问。这个与母亲关系太紧密的情况,有时可以借助父亲的力量得以缓解,但并不是所有人都一定幸运。当父亲缺席或者女孩缺乏足够的心理弹性的时候,女孩就难以完成上述几个转变。

可是弗洛伊德有一种期盼,他仍然觉得解剖学是人类的宿命,男人女人各自背负着种族繁衍的使命。女人把客体从父亲转换成其他的男人并且有了孩子之后,才算是正常的路径。对他来说,女人的目标是孩子和成为母亲。可是成为母亲之后,有多少女人是在重复母亲的命运?

莫妮克指出了女性性欲中一种极为特殊的情况,弗洛伊德并未在女性的三种命运中提及。女性的境况常常会跌到谷底,她们身处黑暗,毫无希望可言,可是女性在触底之后,会借助神秘的力量重整。这种力量与石祖性的维度没有关系,但也不完全与母亲有关。在书中,莫妮克把女性的这种情况称为"缺席于自身",但就在一片沉寂中,似乎又滋生出生的力量。

这种力量与拉康所谓"大他者的享乐"有重叠之处,但又不完全等同。"大他者的享乐"偏向于理解症状,而此"缺席"却已偏离"石祖"体系,她拒绝进入任何现成的解释之中。也许,我们把它当作女性生命中的敞开部分,未得到符号解决的部分,是伤痕却未结疤的部分。这个部分提醒着所有女人疼痛的意义和价值,但也是她们生命中最独特的部分,正如斯皮尔林(Sabine Spielrein)所说的"毁灭作为成长之因"。顺带说一下,参考斯皮尔林在早期精神分析运动中的贡献,她,应该被认为是精神分析历史上第一位女性精神分析家。

这是个不确定的部分,因为每个女性各自的勇气、决定以及策略的不同,她们才有了各自不同的命运。

五 致 谢

在漫长的翻译过程中,感谢本书作者莫妮克夫人的启发、帮助和答疑解惑;感谢华东师范大学出版社的几位编辑和审读老师的审读校对;也要感谢我的朋友们的支持:许翡玎女士帮助我做了第一稿校对的工作,李锋先生、古维兰(Violaine

Cousin)女士和华璐女士对第三稿、第四稿进行了校对、修改、润色;最后,感谢我的家人的鼓励与陪伴。有了这些充分的打磨和勘酌,本书才一步步成型并呈现出它本身具有的精致。

姜 余

2020 年 5 月

术 语 表

absence	缺席
Autre	大他者
autre	他人,他者
délire	谵妄
Eros	爱欲
inconscient	无意识
jouissance	享乐
manque	缺少
Manque à être	存在之缺
perte	丢失,失去
phallus	石祖
plaisir	快乐

pulsion de vie	生冲动
pulsion de mort	死冲动
topique	地形的,地形学的
transfert	转移
transfert négatif	负性转移
rapport sexuel	性关系
Réel	实在
représentation	表象

"轻与重"文丛(已出)

01	脆弱的幸福	[法]茨维坦·托多罗夫 著	孙伟红 译
02	启蒙的精神	[法]茨维坦·托多罗夫 著	马利红 译
03	日常生活颂歌	[法]茨维坦·托多罗夫 著	曹丹红 译
04	爱的多重奏	[法]阿兰·巴迪欧 著	邓 刚 译
05	镜中的忧郁	[瑞士]让·斯塔罗宾斯基 著	郭宏安 译
06	古罗马的性与权力	[法]保罗·韦纳 著	谢 强 译
07	梦想的权利	[法]加斯东·巴什拉 著	杜小真 顾嘉琛 译
08	审美资本主义	[法]奥利维耶·阿苏利 著	黄 琰 译
09	个体的颂歌	[法]茨维坦·托多罗夫 著	苗 馨 译
10	当爱冲昏头	[德]H·柯依瑟尔 E·舒拉克 著	张存华 译
11	简单的思想	[法]热拉尔·马瑟 著	黄 蓓 译
12	论移情问题	[德]艾迪特·施泰因 著	张浩军 译
13	重返风景	[法]卡特琳·古特 著	黄金菊 译
14	狄德罗与卢梭	[英]玛丽安·霍布森 著	胡振明 译
15	走向绝对	[法]茨维坦·托多罗夫 著	朱 静 译

16 古希腊人是否相信他们的神话

　　　　　　　　　［法］保罗·韦纳 著　　　　　张 竝 译

17 图像的生与死　　　［法］雷吉斯·德布雷 著

　　　　　　　　　　　　　　　　黄迅余　黄建华 译

18 自由的创造与理性的象征

　　　　　　　　　［瑞士］让·斯塔罗宾斯基 著

　　　　　　　　　　　　　　　张 亘　夏 燕 译

19 伊西斯的面纱　　　［法］皮埃尔·阿多 著　　张卜天 译

20 欲望的眩晕　　　　［法］奥利维耶·普里奥尔 著　方尔平 译

21 谁,在我呼喊时　　　［法］克洛德·穆沙 著　　李金佳 译

22 普鲁斯特的空间　　［比利时］乔治·普莱 著　　张新木 译

23 存在的遗骸　　　　［意大利］圣地亚哥·扎巴拉 著

　　　　　　　　　　　吴闻仪　吴晓番　刘梁剑 译

24 艺术家的责任　　　［法］让·克莱尔 著

　　　　　　　　　　　　　　　　赵苓岑　曹丹红 译

25 僭越的感觉/欲望之书

　　　　　　　　　［法］白兰达·卡诺纳 著　　袁筱一 译

26 极限体验与书写　　［法］菲利浦·索莱尔斯 著　唐 珍 译

27 探求自由的古希腊　［法］雅克利娜·德·罗米伊 著

　　　　　　　　　　　　　　　　　　　　张 竝 译

28 别忘记生活　　　　［法］皮埃尔·阿多 著　　孙圣英 译

29 苏格拉底　　　　　［德］君特·费格尔 著　　杨 光 译

30 沉默的言语　　　　［法］雅克·朗西埃 著　　臧小佳 译

31 艺术为社会学带来什么

　　　　　　　　［法］娜塔莉·海因里希 著　　　何 蒨 译
32 爱与公正　　　　［法］保罗·利科 著　　　　　韩 梅 译
33 濒危的文学　　　［法］茨维坦·托多罗夫 著　　栾 栋 译
34 图像的肉身　　　［法］莫罗·卡波内 著　　　　曲晓蕊 译
35 什么是影响　　　［法］弗朗索瓦·鲁斯唐 著　　陈 卉 译
36 与蒙田共度的夏天［法］安托万·孔帕尼翁 著　　刘常津 译
37 不确定性之痛　　［德］阿克塞尔·霍耐特 著　　王晓升 译
38 欲望几何学　　　［法］勒内·基拉尔 著　　　　罗 芃 译
39 共同的生活　　　［法］茨维坦·托多罗夫 著　　林泉喜 译
40 历史意识的维度　［法］雷蒙·阿隆 著　　　　　董子云 译
41 福柯看电影　　　［法］马尼利耶 扎班扬 著　　 谢 强 译
42 古希腊思想中的柔和

　　　　　　　　［法］雅克利娜·德·罗米伊 著　陈 元 译
43 哲学家的肚子　　［法］米歇尔·翁弗雷 著　　　林泉喜 译
44 历史之名　　　　［法］雅克·朗西埃 著

　　　　　　　　　　　　　　　　　　　魏德骥 杨淳娴 译
45 历史的天使　　　［法］斯台凡·摩西 著　　　　梁 展 译
46 福柯考　　　　　［法］弗里德里克·格霍 著　　何乏笔 等译
47 观察者的技术　　［美］乔纳森·克拉里 著　　　蔡佩君 译
48 神话的智慧　　　［法］吕克·费希 著　　　　　曹 明 译
49 隐匿的国度　　　［法］伊夫·博纳富瓦 著　　　杜 蘅 译
50 艺术的客体　　　［英］玛丽安·霍布森 著　　　胡振明 译

51 十八世纪的自由　[法]菲利浦·索莱尔斯 著

唐　珍　郭海婷 译

52 罗兰·巴特的三个悖论

[意]帕特里齐亚·隆巴多 著

田建国　刘　洁 译

53 什么是催眠　[法]弗朗索瓦·鲁斯唐 著

赵济鸿　孙　越 译

54 人如何书写历史　[法]保罗·韦纳 著　　韩一宇 译

55 古希腊悲剧研究　[法]雅克利娜·德·罗米伊 著

高建红 译

56 未知的湖　[法]让-伊夫·塔迪耶 著　田庆生 译

57 我们必须给历史分期吗

[法]雅克·勒高夫 著　　杨嘉彦 译

58 列维纳斯　[法]单士宏 著

姜丹丹　赵　鸣　张引弘 译

59 品味之战　[法]菲利普·索莱尔斯 著

赵济鸿　施程辉　张　帆 译

60 德加，舞蹈，素描　[法]保尔·瓦雷里 著

杨　洁　张　慧 译

61 倾听之眼　[法]保罗·克洛岱尔 著　　周　皓 译

62 物化　[德]阿克塞尔·霍耐特 著　　罗名珍 译

图书在版编目(CIP)数据

精神分析:快乐与过度 /(法)莫妮克·达维德-梅纳尔(Monique David—Ménard)著;姜余,严和来译.
--上海:华东师范大学出版社,2020
("轻与重"文丛)
ISBN 978-7-5760-1000-8

Ⅰ.①精… Ⅱ.①莫…②姜…③严… Ⅲ.①精神分析
Ⅳ.①B841

中国版本图书馆 CIP 数据核字(2020)第 214382 号

华东师范大学出版社六点分社
企划人 倪为国

轻与重文丛
精神分析:快乐与过度

主　编	姜丹丹
著　者	(法)莫妮克·达维德-梅纳尔
译　者	姜　余　严和来
责任编辑	王　旭
责任校对	徐海晴
特约审读	成家桢
封面设计	姚　荣

出版发行	华东师范大学出版社
社　　址	上海市中山北路 3663 号　邮编　200062
网　　址	www.ecnupress.com.cn
电　　话	021-60821666　行政传真　021-62572105
客服电话	021-62865537
门市(邮购)电话	021-62869887
地　　址	上海市中山北路 3663 号华东师范大学校内先锋路口
网　　店	http://hdsdcbs.tmall.com/

印　刷　者	上海盛隆印务有限公司
开　　本	787×1092　1/32
印　　张	6.75
字　　数	99 千字
版　　次	2021 年 1 月第 1 版
印　　次	2021 年 1 月第 1 次
书　　号	ISBN 978-7-5760-1000-8
定　　价	58.00 元
出 版 人	王　焰

(如发现本版图书有印订质量问题,请寄回本社客服中心调换或电话 021-62865537 联系)

TOUT LE PLAISIR EST POUR MOI
by Monique David-Ménard
Copyright © Hachette Littératures, 2000
CURRENT TRANSLATION RIGHTS ARRANGED THROUGH DIVAS INTERNATIONAL, PARIS
巴黎迪法国际版权代理
Simplified Chinese Translation Copyright © 2021 by East China Normal University Press Ltd
All rights reserved.
上海市版权局著作权合同登记　图字:09-2015-057号